LOCUS

LOCUS

LOCUS

LOCUS

touch

對於變化，我們需要的不是觀察。而是接觸。

a *touch* book
Locus Publishing Company
11F, 25, Sec. 4 Nan-King East Road, Taipei, Taiwan
ISBN 986-7975-79-0 Chinese Language Edition

April 2003, First Edition

Printed in Taiwan

三星秘笈
作者：李奉煦
譯者：楊純惠　黃蘭琇
責任編輯：傅　凌　湯皓全　美術編輯：謝富智
法律顧問：全理法律事務所董安丹律師
出版者：大塊文化出版股份有限公司　e-mail: locus@locuspublishing.com
臺北市105南京東路四段25號11樓　讀者服務專線：0800-006689
TEL:(02)87123898　FAX:(02)87123897
郵撥帳號：18955675　戶名：大塊文化出版股份有限公司

總經銷：大和書報圖書股份有限公司
地址：台北縣五股工業區五工五路2號
TEL：(02) 8990-2588（代表號）　FAX：(02) 2290-1658
排版：天翼電腦排版印刷有限公司　製版：源耕印刷事業有限公司
初版一刷：2003年4月
新版11刷：2005年10月

定價：新台幣280元

touch

三星秘笈

超一流企業的崛起與展望

Samsung Rising

《韓國經濟新聞》
李奉煦
楊純惠／黃蘭琇⊙譯

目錄

台灣版序

二〇〇二年，三星電子以銷售額四〇兆五，一一五億韓圜（約三三七億美元）、淨利七兆五百一十八億韓圜(約五八億七千萬美元），創下營業實績最高紀錄，僅以兩年時間，再度刷新紀錄——二〇〇〇年的銷售額三四兆二，八三七億韓圜、淨利六兆一四五億韓圜。

相較於二〇〇一年，二〇〇二年的銷售增加二五％、淨利增加一三三％。七兆韓圜的淨利也遠超過世界最大半導體企業英特爾（Intel）的三〇億美元（約三兆六千億韓圜）。

對於業績的大幅好轉，三星電子的說明是「差異化」。行動電話方面，以銷售額增加三七％、淨利增加一一七％，確定爲高收益事業，根據三星的分析，這是以彩色手機等符合尖端技術與設計的產品，搶先因應市場的結果。記憶體部門也是以高附加價值產品與快閃記憶體產品，創造差異化而獲致成功。美光（Micron）、英飛凌（Infineon）等飽受大幅赤字之苦，三星電子的半導體淨利卻能在二〇〇二年，從二〇〇一年的七千億韓圜，遽增至三兆八千億韓圜。

以如此輝煌的成績爲基礎，二〇〇三年三星電子也訂定進攻的經營計劃。銷售目標設定於四一兆一千億韓圜，另外計劃以總共六兆韓圜來投資半導體十二吋晶圓等的設備。記憶體方面，計劃提高成本競爭力，讓對手望塵莫及。TFT-LCD部門，計劃增加高附加價值產品的生產以主導市場。二〇〇二年躍升爲世界第三的行動電話領域，以彩色手機及尖端機能產品搶得先機之後，計劃將市場佔有率從一〇％提高到一三～一五％水準，挑戰世界第二的摩托羅拉（Motorola）。即使擬訂的計劃如此野心勃勃，三星電子的相關人士仍然表示「並不太擔心達成目標的問題」。

證券業者對三星電子的成績也表示樂觀。展望二〇〇三年，到第二季爲止，三星電子雖然還無法達到去年同期間的表現，但是第三季以後卻會迅速提高業績，將創下有史以來最高的淨利紀錄。一位證券業人士推斷，二〇〇三年三星電子的預期淨利將在七兆九千億韓圜。

本書所分析的對象「三星電子」，是韓國公認第一的企業。不論在銷售額還是淨利層面上，都確實名列第一。在國際上的定位也持續升高，成爲全球矚目的對象。我想許多國家對本書有興趣，也是基於這個理由。

這本書是以《韓國經濟新聞》曾連載的〈三星電子何以強盛〉系列報導爲主軸。我們的特別採訪小組在系列報導的當時，無不努力奔走來豐富報導，以求做到盡善盡美。

然而本書還是不盡完美。雖然本書是整理特別採訪小組苦心孕育的系列報導而成，仍有不少遺憾。首先，由於企業機密問題，採訪不易，又礙於時間限制與日常業務繁忙，想要補充的部分，有些也不能完全如願。基於這點，現在把這本書介紹給台灣，眞的感到喜憂參半。

台灣雖然國土很小，經濟力卻已達先進國家水準。尤以中小企業的卓越競爭力而聞名，在國際上更不乏許多知名企業脫穎而出。外匯存底更以高達一千五百億美金，有位居全球第三的實力。儘管與中國大陸間仍存在許多政治問題，卻依然能創造這樣的經濟成長，實在令人敬佩。

光是在這本書裡探討三星電子的競爭對手時，就明顯地呈現了台灣的實力。首先，從三星電子位居世界第一的半導體DRAM產業界來看，以二〇〇一年爲基準，在這個領域的世界十大企業當中，台灣就佔了南亞科技與茂矽（mosel vitelic）等兩個名額。

晶圓代工市場的情形，更是由台灣席捲整個市場。IC代工方面，台積電（TSMC）占有率超過五〇％，確定領先全球。更能讓台積電引以自豪的是十二吋晶圓等的國際級技術水準。排名第二的聯電也是台灣業者，約佔全球市場的四分之一。

在TFT-LCD業界方面，台灣業者也相當活躍。在三星電子和樂金飛利浦ＬＣＤ（LG Philips LCD）之後，友達光電（AU Optronics）名列世界第三。中華映管、奇美電子、瀚宇彩晶（Hannstar）等也都在國際企業之列。

由於台灣有如此與衆不同的經濟表現，加上和韓國深遠的友誼關係，因此今天能向台灣介紹《三星秘笈》，身爲特別採訪小組組長的我，深感榮幸與感激。雖然是片面的介紹，但能夠把韓國企業與韓國企業文化引介給台灣讀者，深覺別有意義。

我深深期盼這本書對拓展兩國企業間的相互了解、加強合作能有些許幫助。最後，謹向願意把拙著介紹給台灣讀者的大塊出版公司相關人士致上最高謝意。

二〇〇二年十二月　於《韓國經濟新聞社》編輯局　李奉煦

前言：企業為國家之本

維持國家發展最重要的是什麼？這個長期以來《韓國經濟新聞》不斷苦思的問題，我認為就是企業。像世足賽中打到世界第四的足球一樣，可以榮耀國家的東西很多。但真正讓國家揚眉吐氣的，是馳騁在國際市場的企業。三星、LG、現代汽車、浦項製鐵（POSCO）這些企業，以半導體、家電產品、汽車、鋼鐵等產品，貼上「Made in Korea」商標，打開韓國知名度，讓我們成為世界上不可忽視的國家。TFT-LCD、造船、行動電話等，這些進一步提高國家定位的商品也相當地多。也因為有製造這些產品的企業，維持國家的競爭力，國民才能謀求安樂的生活。這些產品或企業所造成的影響，遠超過於政治或足球。

稍微極端地做個假設，如果這片國土沒有一個端得上檯面的企業的話，那麼我們的生活會變得如何？國民只能賣命地討生活，國家將難逃部分南美或東歐國家一樣的命運。雖然稍微思考一下，就可以明白這些企業的重要性，但是韓國的企業或是企業人，相較於他們實際所做的貢獻，卻沒有應得的評價。相反地，社會上許多人認為企業是歪風的溫床，企業人士是腐敗的象徵。當然，這不是說企業或是企業人做的事就都對，但不能給予他們公正的評價，卻眞的令人惋惜。

爲了讓國家富強，孕育尊重企業或企業人的風氣，已成爲不可或缺的要因。這樣，才會有更多年輕人爲了引起企業注意，或成爲企業人而倍加努力。這樣的人才增加，無形中國家自然也會變得更強盛。因此，我一直想爲那些盡守本分的企業，寫出他們成功的故事。

由於三星電子逐步確立其成爲韓國招牌企業的地位，在國際市場的定位也逐漸受到不少矚目，因而我們新聞社內部有人談到：寫些集中分析三星電子的報導看看吧？前任編輯局局長金亨澈，尤其強烈建議。把韓國的代表企業三星集團或是三星電子，來個長篇系列報導會怎麼樣呢？由於這也是我早就想一探究竟的主題，因此就一口同意了。二〇〇一年儘管全世界IT（資訊科技）業界都相當不景氣，三星電子還能創造近三兆韓圜的淨利，讓國際市場對三星集團和三星電子刮目相看，也讓我們覺得事不宜緩。

於是，我們立刻組成特別採訪組，和組裡成員討論之後，決定報導對象縮小爲三星電子，而不是三星集團。相較於整個集團，縮小在一個企業範圍內的報導，應該會更集中，也更有號召力。考慮到特別組的記者另外身兼日常的採訪報導，工作頗爲吃重，所以也特別把一些專跑三星集團及三星電子的記者納入在內。這麼做，也是希望能把三星電子過去一些不爲人知的故事，一併收錄於報導之中。

等眞正開始採訪，才發現困難重重。首先，參考資料不多。就像是在反映韓國對待企業的態度，別說是三星，要找出任何一本專以某一個企業爲對象的專書，都相當困難。國內的管理學者，研究整體產業、某個管理主題，或特定產業的都很多，但專門處理個別企業的情形卻好像不多。或許因爲是國人對企業的負面印象太強，讓學者擔心會被誤以爲是美化特定企業，而不願意研究吧。當然也有一些分析企業的書籍，但是缺乏體系的情形很多，至於能生動地帶進一些臨場感，和分析內容相結合的，就更難找了。市面上許多企業相關的書籍，大部分是小故事集結成冊。其他有助於我們能多了解一點企業的書，也不過就是那幾位企業人的自傳性質的回憶錄而已了。這和我在一九九〇年代中期，出任東京特派員時候，看到書店陳列著許多像是新力或豐田汽車等一流企業的相關書籍，形成強烈對比。日本還有許多書是以有特色的中小企業爲對象而分析的。

採訪也不簡單。三星的企業文化，不僅根深柢固地強調「保安」，自己的事情不管好壞，都不希望成爲別人的話題，因而採訪不像想像中的容易。採訪記者一再只能得到「問問公關部門」、「無可奉告」，這種踢皮球的回答。三星的顧問公司或是會計公司等雖然熟知這家企業，情形也一樣。這些公司的高層人士不知道把三星看成多麼難打交道的企業，連要他們回答「對三星電子的一般印象如何」這種問題，都躊躇不定。他們總是萬般叮嚀不要發表個人名字，最好連公司名字也不要提。爲了突破這道關卡，我們找了三星結構調整本部負責公關的李淳東副總經理。李副總聽了採訪組單純的企劃動機之後，爽快地答應給予積極協助。接下來我們雖然在三星的協助下進行了一些採訪，但不少幹部或職員都會再三表示「這是企業機密不能洩漏出去」，或是「不要舉出對方公司的名字」等等。爲了說服像這樣消極的被採訪者，採訪記者和三星公關人員應該花了不少力氣。

以〈三星電子何以強盛〉爲名的二〇篇系列報導，在幾次延期之後，終於從二〇〇二年三月十一日開始刊登第一篇，立即獲得了預期之外的廣大迴響。接下來隨著一篇篇發表，反應也越來越熱烈。特別是正在注意三星的海外媒體，反應更加敏銳。《韓國經濟新聞》和三星電子公關部門，不斷接到國外各大媒體韓國特派員的電話。因爲《韓國經濟新聞》的系列報導，《時代雜誌》（*Time*）、《華爾街日報》（*Wall Street Journal*）、《金融時報》（*Financial Times*）、《日本產經新聞》、《富比士》（*Forbes*）、《財星雜誌》（*Fortune*）、法國《迴聲報》（*Les Echos*）等海外知名媒體，先是也做了類似「三星電子何以強盛」這種主題的報導，接著更紛紛以封面故事或主要文章來刊載。三星電子公關部門某位相關人士高興地表示：「《韓國經濟新聞》點燃了國際輿論對三星電子的關心。」也有人半開玩笑地說，「《韓國經濟新聞》其實是三星海外宣傳的支援隊。」三星電子的李健熙董事長對系列報導也很關心。這些反應都讓採訪陣容大感壓力。

不只企業團體，政府機關和學界也對三星電子的這個系列報導深感興趣。來詢問報導相關內容，或是想獲得補充資料的人很多。更有部分企業相關人士來電表示，他們的最高經營者看到報導之後，指示要革新一些部門的程序，希望能請求協助或開授課程。諸如此類的要求，沒法一一充分回應，深感遺憾。

較晚看到系列報導的讀者，紛紛想索取新聞剪報，以及詢問有無出書的計劃。另外，一些難得採訪到的主要內容未能刊登到版面上，也讓採訪記者感到有些可惜。基於這些裡裡外外的需求，我們決定以報上刊載的系列報導爲主軸，出版這本書。

如果說採訪這個系列報導，以及後來爲了成書而追加補充內容的過程，最深遠意義的是什麼，那就是專跑經濟新聞的記者們，終於有機會對一個代表韓國的企業做了方方面面的集中分析。與其以道德規範來過濾一些是是非非，我們的系列報導和這本書的重點，更在於解釋開始登上國際一流企業的三星電子，是如何達到今日的成就。我們希望這能對國內許多其他企業或企業人都產生啓發，韓國也進而能出現更多國際性的企業。

這是我們打從一開始就設定的企劃宗旨。

在本書出版的同時，我必須對韓國經濟新聞社社長崔浚明，前任編輯局長金亨澈、現任編輯局長金基雄和編輯群等，深表感激，他們對於韓國新聞史上破天荒針對一個企業二〇篇系列報導的構想，積極支持，並鼓舞士氣。也感謝以李淳東副總經理爲首的三星結構調整本部的公關部門，以及三星電子的公關部門，他們在這段期間不論多麼困難，都不厭其煩地協助我們的記者。李副總協調三星構造調整總部、三星電子，以及三星電子相關企業的公關部門，直到「作品」誕生，貢獻不少心力。另外，也感謝接受採訪的多位人士。對於特別採訪組的成員，感激更是不勝言語。本組成員爲了報導生動的內容，即使是碰上再小的地方也不遺餘力地奔走。爲了完成一篇篇的文章，一星期以上來來回回採訪的情形很多，有時甚至會花上個把月的時間。如果沒有這些人的幫助與支持，實在很難催生出這本書。

儘管採訪組盡了最大的努力，但以專家的角度來看，仍有未盡完善之處。希望讀者能予以諒解並不吝批評指教，在此先表感激之意。

由衷希望藉由此書拋磚引玉，未來能有更多分析韓國企業的書籍出版，讓國人更了解這些在經濟競爭中奮戰的企業，給予更多的支持與鼓勵。

二〇〇二年七月　李奉煦

第一卷

現象

全球注目中的變身

1

嶄新的生命

「拜託，千萬不要拿三星電子與 Sony 比較。」

三星電子可說是近年全球 IT（資訊科技）事業的灰姑娘。
這一家曾經是生產廉價產品，先進市場看不在眼裡的開發中企業，
如今成了以新力、英特爾、微軟爲首的全球先進集團企業
無不熱情示好的對象。

凌越新力的國際企業

「拜託，千萬不要拿三星電子與新力比較。」

二○○二年五月初，韓國新力公司的總經理李明祐邀請各媒體記者如此表示，並指出「兩家公司的事業領域截然不同」。曾經任職三星電子，並擔任至全北美家電部部長的李明祐，對於國內外媒體把二○○一年會計年度淨利二兆九，○○○億韓圜的三星電子與淨利不及一五三億日圓（約一，五三○億韓圜）的新力拿來比較，反應相當敏感。

過去電子業界的龍頭——新力，曾是三星電子遙不可及的目標。新力董事長出井伸之談起三星電子仍然會泰然自若地表示，「我知道新力被三星電子當作各種比較的目標，從產品研發到設計，三星電子都在學習新力。」然而，與新力的說法不同的是，《華爾街日報》（二○○二年六月十四日）的報導指出：「三星電子正在準備凌越新力，躍升為國際電子企業。」

另外，二○○二年三月十一日的《商業周刊》，也以〈新力的反擊〉為封面標題，報導「在東京新力總公司的八樓，安藤国威總經理的辦公室內，只要一提到『三星電子』，就會看到不安的反應。」傳達了新力內部的氣氛。

三星電子可說是近年全球ＩＴ（資訊科技）事業的灰姑娘。這一家曾經是生產廉價產品，先進市場看不在眼裡的開發中企業，如今成了以新力、英特爾、微軟爲首的全球先進集團企業無不熱情示好的對象。

爲了洞察三星電子的動向，許多國外電子企業紛紛提昇了漢城辦事處的層級，並強化組織結構。曾經怠慢三星經營團隊的外國企業人，如今想與三星洽談可得排隊。

在一九六〇年代末期，首次傳授電子技術給三星電子的三洋電機董事長井植敏，爲了親自察看三星電子是如何發展，也在二〇〇二年五月初拜訪董事長李健熙。

在美國拉斯維加斯舉行的國際最大電子展示會「CES 2002」中，由數位媒體（Digital Media）事業部總經理陳大濟發表開幕演說，首開亞洲人先例，也顯示出三星在國際市場上逐漸提升的數位事業定位及形象。

代表世界最高權威的半導體學會——國際固態電路會議（International Solid State Circuit Conference: ISSCC），在舊金山召開會議，記憶體事業部總經理黃昌圭受邀發表演說，也開韓國人之首例。

《時代雜誌》、《華爾街日報》、《金融時報》、《日本產經新聞》、《富比士》、《財星雜誌》、法國《迴聲報》等國外報導也接連集中探討「三星電子何以強盛」。

三星電子備受矚目的轉捩點，是在二〇〇一年全球IT產業的不景氣，以及一流企業的赤字風暴中，仍能創造大規模的利潤。在二〇〇〇年，三星電子賺進六兆韓圜的淨利，接著二〇〇一年也有二兆九，〇〇〇億韓圜的淨利。

二〇〇〇年三星賺到六兆韓圜淨利的時候，一般認爲只是適逢市場的景氣好轉。三星電子半導體總經理李潤雨表示，當時一些先進企業認爲這只算是「瞎貓碰上了死老鼠」。然而，等二〇〇一年全球家電、半導體、行動電話一片景氣低迷的時候，三星仍能創造大幅的淨利，市場評價隨之改觀。

這一年儘管半導體DRAM（Dynamic RAM，動態隨機存取記憶體）的價格暴跌，行動電話等情報通訊部門的業績仍創造了大幅利潤。情報通訊部門以高達一兆三，七四一億韓圜的營業淨利，成爲新的藍字事業，繼DRAM之後，成爲第二個以單項商品創造一兆韓圜以上利潤的產品。另外，由半導體部門創下營業淨利六，九八三億韓圜帶頭，數位媒體部門也創下二，九二八億韓圜，以及生活家電部門一，八二九億韓圜的營業淨利。

隨著二〇〇一年DRAM的價格慘跌，半導體業界飽受衝擊。美光和英飛凌的赤字，均高達十九億美元左右。Hynix 半導體儘管有海外存託憑證（DR）的發行，及債權團體的資金援助，還是要和美光進行出賣協商。

日本企業一一退出了DRAM產業——諸如東芝就把美國的DRAM工廠轉賣給美光。一二八MB泛用型DRAM現貨市場價格，從二〇〇〇年中單價十八美元，到二〇〇一年十一月末，暴跌到不及一元美金。

非記憶體產業，雖然不像DRAM那麼價格大幅滑落，卻也一樣經營困難。半導體業界中，以電腦用微處理器（非記憶體，CPU）獨占鰲頭的英特爾（Intel），也大幅縮減藍字幅度，獲利僅約二〇億美元，與三星電子不相上下。

綜合電子產業型的日本企業承受更大的衝擊。日立製造所赤字四，八三八億日圓、松下電器赤字四，三一〇億日圓，東芝、NEC、富士通也各有二，〇〇〇億日圓到三，〇〇〇億日圓不等的赤字。在日本產業當中，只有新力以一五三億日圓的藍字保住面子。

在行動電話業界，只有排名第一的諾基亞（Nokia）和三星同屬獲利之列。諸多大企業都飽受赤字之苦，易利信（Ericsson）甚至有二〇億美元的虧損。摩托羅拉（Motorola）也產生一九七一年來從沒有過，高達六億九，七〇〇萬美元的赤字。

在IT業界如此極度不景氣之際，三星電子能繼續維持藍字收益，海外觀點逐漸開始發生改變。包含一九九九年的三兆一，七〇〇億韓圜在內，三星在三年期間賺進了共達十二兆韓圜的淨利。二〇〇一年比三星電子獲利更高的電子產業，僅有GE（奇異電子，一九四億美元）、IBM（二一四億美元），以及諾基亞（三三億美元）。

而二〇〇二年第一季的純利，也超乎想像高達一兆九，〇〇〇億韓圜。這個目標，一般企業在一年內達成都有些困難，三星卻能在一季之內達成。DRAM的價格是從二〇〇一年末才開始反彈，而三星卻能在第二年第一季就達成有史以來最高的單季業績。

美光、英飛凌、摩托羅拉等企業均在這一年第一季慘遭赤字紀錄。行動電話業界龍頭諾基亞發表八億六，三〇〇萬歐元的淨利，是三星的一半水準，同時也向下調整了全年預期銷售業績。預計二〇〇二年三星電子將可刷新二〇〇〇年所創下的六兆韓圜純利紀錄。（編註：結果三星二〇〇二年淨利達成七兆五一八億韓圜，約五八億七千萬美元，刷新紀錄。）

一九九七年面臨外匯危機之時，曾負債高達十七兆韓圜的三星電子，現在卻為應該如何運用持續累積的高額資金而苦惱不已。

二〇〇一年末所紀錄的二兆八，〇〇〇億韓圜現款，在二〇〇二年第一季末已劇增為四兆一，〇〇〇億韓圜，並持續增加中。如此就算歸還包含海外分公司在內的總貸款金額三兆七，五〇〇億韓圜之後，仍有餘額，貸款差額爲負值。

三星電子已決定於二〇〇二的一年之內，以一兆韓圜買進自己公司的股份，目前正在收購中。三星電子的協理朱尤湜（IR投資關係組長）表示，「第一次創造這麼多的利益，我們正在研商該如何因應結構上的變化。」

一方面由於產品開始受到肯定，一方面由於商標行銷的努力，「三星」的商標價值日益增高。

根據全球的商標調查機構，英國的INTERBRAND公司統計，三星電子的商標價值逐年急遽上升，由一九九九年的三一億美金、二〇〇〇年五二億美金（世

日本主要電子產業2001年業績 （單位：億　日圓）

企業名稱	銷售額		損益狀況	
	2000年	2001年	2000年	2001年
日立製造所	8兆4169	7兆9937	1,043	-4838
Sony	7兆3148	7兆5763	167	153
松下電器產業	7兆6815	6兆8766	415	-4310
東芝	5兆9513	5兆3940	961	-2540
NEC	5兆4097	5兆1010	566	-3120
富士通	5兆4844	5兆69	85	-3825
三菱電氣	4兆1294	3兆6489	1,247	-779
三洋電機	2兆1573	2兆247	422	17
Sharp	2兆128	1兆8037	385	113

界排名四三）、二〇〇一年六四億美金（排名四二），而二〇〇二年八三億美金（排名三四）。

如此，三星的商標價值深獲青睞，在亞洲企業中僅次於新力（排名二一）。飛利浦（排名六〇）、Panasonic（排名八一）這些曾經遙遙領先三星的企業，如今都望塵莫及。

三星電子旗下各事業體的經濟環境也更加穩固。除了DRAM等記憶體和顯示器、薄膜電晶體液晶顯示器（TFT-LCD）保持世界第一之外，一九九四年才開始出口到美國的行動電話，以七年不到的時間，竄升到世界第三名。

這是三星以DRAM的穩定地位爲基礎，進而拓展LCD、資訊傳播等的事業領域，發揮相得益彰的效果，因而打開了局面。

到二〇〇一年爲止，三星DRAM位居世界第一的寶座，已邁入第九個年頭。另外，DRAM的市場佔有率，從二〇〇〇年的二〇・九％，攀升到二〇〇一年的二七％，美光等第二名之後的企業，更加遙遙落後。美光的市場佔有率雖從一八・七％小幅成長至一九％，卻決定喊停，決定在高附加價值產品市場中，提高Rambus DRAM和DDR DRAM等高速記憶體的比重。

就連行動電話的對手諾基亞所使用的DRAM，也是向三星電子購買。新力遊戲機

PS2（Play Station 2）內所裝置的 Rambus DRAM，也是三星電子產品。二〇〇二年，三星把DRAM市場的主力產品由一二八MB轉變爲二五六MB，讓尚未準備就緒的競爭對手壓力倍增。

今天三星的DRAM技術水準和成本競爭力等，已經達到競爭對手難以匹敵的地步。從一九九二年開始領先日本企業，於全球率先研發出 64MB DRAM 而嶄露頭角，到二〇〇一年二月研發出 4GB DRAM，十年內歷經四代，從未錯失領先的地位。

比起現在主要使用的八吋晶圓（Wafer，半導體材料的矽膠圓盤），生產量可以快速增加二・五倍的十二吋晶圓，三星在二〇〇一年開始量產出貨，行動之快，在記憶體業界排名第一，在半導體業界也只差英特爾一步，排名第二。至於一九九三年最先開始投資八吋晶圓的，也是三星電子。

在電路線幅（Width of Circuit line）的縮小方面，三星正與英特爾角逐領先地位。二〇〇二年五月二十八日，在非記憶體半導體方面，三星電子研發電路線幅九〇奈米製程技術成功。奈米 Nano（nm，一〇億分之一公尺）級的技術，比現在微米 Micron（μm，一〇萬分之一公尺）級的技術，水準高出許多。

與目前所使用的〇・一三μm製程相比，作業速度會提高三〇%，晶粒面積可以縮小五〇%，成本競爭力之提高也不在話下。

三星發表這個技術，是在英特爾與台灣的晶圓代工業者台灣積體電路公司（TSMC）之後。三星電子雖然很早就研發這個技術，但在對外發表的時候卻錯失先機，不過，到二〇〇二年六月初，三星再發表研發出七〇奈米製程核心技術的「高介電薄膜（High-k Film）製程」，得到更大迴響。這是超越記憶體企業間的競爭，一躍而與半導體業界的皇帝英特爾，展開激烈的盟主之戰。

照三星企業副董事長尹鍾龍的說法是，「我們早就設定了在半導體產品與製程的研發上，持續領先日本企業三到六個月、國內競爭對手六個月的戰略，並且執行了三、四年之久。到二〇〇一年，我們把領先日本的差距拉大到一年的時間，日本企業不能不認輸。」

行動電話事業則是三星新興的主力產品。以CDMA式（Code-Division Multiple Access，分碼多重擷取）行動電話第一名的基礎，爲企業拿下全球第三名。根據美國市調機構Data Quest的調查，二〇〇一年第一季的國際市場上，三星行動電話的銷售量爲九三〇萬台，市場佔有率爲九・六%。緊跟在諾基亞（三四・七五%）與摩托羅拉（一五・五%）之後。尤其在其他企業都面臨銷售衰退、業績惡化的情況下，只有三星電子保持良好業績。如果拿排名前五名企業二〇〇一年和二〇〇二年第一季的出貨量來比較，諾基亞的出貨量減少六・二％，而三星電子卻增加四六・二％。

尤其是三星電子藉由品牌行銷，行動電話的價位佔了比諾基亞更高的上風。因而如果從營業淨利面來看，三星電子的營業淨利率達二七％，諾基亞則爲二一％。

可以同步傳送接收影像的第三代行動電話、採用彩色螢幕和四〇和絃等產品的研發上，三星電子均能保持領先。兼具PDA功能的 Smart Phone 在美國也廣受歡迎。

在日本，甚至還有預期三星電子將超越諾基亞的說法。麥肯錫顧問公司（McKinsey）的一位顧問在二〇〇二年三月二十五日《商業周刊》的封面故事中提到：「諾基亞的創新力量正在減弱，我認爲將來開發出次世代行動電話的人，將會是三星。」

無論是質或量，三星電子在 TFT-LCD 的國際市場上，均名列第一。根據市調機構 Display 的調查，二〇〇一年三星電子大型 TFT-LCD 的生產出貨量爲九一三萬七，〇〇〇台，佔全球市場二〇・二％，位居第一。

同爲國內企業的樂金飛利浦LCD，以七七四萬九，〇〇〇台（一七・一％）位居第二。將這兩家合併計算，韓國總出貨量爲一，八四三萬二，〇〇〇台，佔全球市場四〇・七％，勝過日本（三六・六％）而榮登第一。二〇〇二年九月，三星電子繼樂金飛利浦LCD之後，也推出第五代LCD的生產線，每塊玻璃面板可以生產一五個一五英吋的LCD。

就技術層面而言，三星也在二〇〇一年研發出全球首見的四〇英吋LCD，投入量產，打破了別人認爲不可能的技術障礙。現在三星電子更準備挑戰六〇英吋級的產品開發。

一九八八年之後，三星電子也堅守了十四年全球彩色螢幕排名第一的地位，比飛利浦、NEC等等競爭對手，確保更優良的品質與更實惠的價格。DVD Combo（整合機）是第一部兼具DVD播放及錄影功能的產品，從二〇〇二年開始，在國際市場掀起一股熱潮。以這股人氣爲基礎，二〇〇二年 DVD Combo 將穩坐DVD市場的全球第一。

因爲產品性質類似，一般都預估DVD出現之後，錄放影機的市場將急速萎縮，但三星電子在這個領域仍然以最高的生產效率，維持排名第一的市場佔有率，利潤率也逐漸擴大。至於洗衣機、吸塵器等各式各樣的家電產品，由於是生活必需品，也以每年平均二至三%的成長率，呈現收益穩定的狀態。家電事業領域裡，淨利對銷售額的比率由二〇〇一年的五・九%，升爲二〇〇二年第一季的一一・九%，這和國際上其他競爭對手相比，高出了兩、三倍。

三星集團全體組織圖

電子產業	機械產業
三星電子	三星重工業
三星SDI	三星・Techwin
三星電機	**其他產業**
三星・corning	三星物產
三星SDS	三星・Engineering
金融產業	第一紡織
三星生命	三星・Networks
三星火災	三星・Everland
三星・Card	新羅飯店
三星證券	第一企劃
三星・Capital	S1
三星投資信託運用	三星・Lions
三星・新創企業投資　三星物產	三星醫療院
化學產業	三星經濟研究所
三星綜合化學	三星人力開發院
三星石油化學	三星綜合技術院
三星精密化學	三星文化財團
三星BP化學	三星福祉財團
	湖巖財團
	三星言論財團

2

股票市場的指標

投資三星股票就像買保險一般安穩

談到韓國股市，不能漏掉三星電子。

甚至有人說觀察三星電子，就可以知道指數的波動。

可見三星電子所佔的比重之大。

三星電子的市價總值爲韓國上市企業之首，

在上市企業的市價總值佔有十七%的比重。

位居第二的鮮京電信，不及三星電子的一半。

韓國股市的指標

談到韓國股市，不能漏掉三星電子。甚至有人說觀察三星電子，就可以知道指數的波動。可見三星電子所佔的比重之大。

三星電子的市價總值爲韓國上市企業之首，在上市企業的市價總值佔有一七%的比重。位居第二的鮮京電信（SK Telecom），不及三星電子的一半。第三名的國民銀行，市價總值也只達三星電子三分之一的水準。

因此，股市指數不得不隨三星電子股價的漲跌而起伏。在二〇〇二年五月十四、十五日，三星電子股價分別上漲六．七%及五．〇%時，韓國綜合股價指數也分別上漲一五點（一．八八%）以及二五點（三．〇二%）。另一方面，三星電子下跌七．七%的五月十日，指數也下跌二〇點（二．四七%）。三星電子可說是韓國股市的指標。

事實上，三星電子的主要投資者，外國人或是法人投資者，要比韓國國內的個人投資者多出很多。外國人看韓國股市的投資組合，排名第一的就是三星電子。在韓國股市交易的法人投資者之中，也沒有沒把三星電子納入的「笨蛋」。

根據證券交易所的資料，二〇〇一年一月外國人每日平均交割金額爲八兆二，三一五億韓圜。其中，三星電子的交割金額高達二兆一，六七〇億韓圜。當月三星電子的交割金額，佔全體外國人交割金額的二六・三%。二月爲二六・六%。五月約爲三〇・八%。

韓國國內的法人，由於每個基金的投資比率都設定限制，最高以一五%爲限，想要更多三星電子的股票也沒辦法。一位基金經理人就表示，「如果沒有投資比率的限制，哪些基金對三星電子的投資比率超過五〇%也沒有什麼好出乎意料的」。

想多加投資卻受限於投資比例的基金，總以三星電子股爲最優先考量。這麼說，即使說韓國股市是三星電子的天下，也不爲過。

就三星電子而言，並不是說因爲外國人的買賣交易都集中他們身上，因而造成他們的強大力量。外國人一旦買進三星電子，就不會輕易賣掉的這一點，才更加值得注意。三星電子的上市股票量爲一億五，二〇〇萬股，最近的單日平均交易量，是在六〇萬至七〇萬股之間。

專家指出，三星股票在市場上流通的比率連百分之五都不到。換句話說，大部分人都是想長期保有，一旦買進就不輕易賣掉。

這樣的傾向也出現在三星電子股東中的外國人比率。最近外國人持有三星電子股票的比率，維持在五三～五五%之間。二〇〇〇年二月以後，沒有低過五〇%的情況。二〇〇一年十二月六日，更曾高達六〇・〇%。

外國基金當中，雖然有些基金在三星電子股價飆漲之後，因爲獲利賣出而降低了持股率，然而全體股東仍有半數以上是外國人。將來哪一天要出現經營權防禦戰局面，都說不定。

雖然，三星電子的外國股東當中，相當大一部份是友好持股，諸如此類的事發生的可能性較低，但顯然還是不能排除有這種可能。

一旦外國人下定決心要買三星電子的股票，而持續買進的話，外國人的持股率也可能飆漲到六〇%以上。

外國人爲何要集中交易於三星電子呢？事實上，在韓國國內市場中，外國大型基金可以買的股票爲數不多。頂多二〇到三〇種。其中三星電子可以說是鶴立雞群。以十二月決算爲基準，韓國二〇〇一年全體企業的當期淨利合計爲八兆九億韓圜。其中，三星電子的淨利達二兆九，〇〇〇億韓圜。也就是說，三星電子的當年淨利佔全體的三二%。到這種地步，誰也不得不購買三星電子股了。

對於三星電子的合理股價，國外各個證券交易所的評價雖然不一，但平均爲五〇萬韓圜左右。最近股價在三十五到四十五萬韓圜之間起伏，可以說是過低。二〇〇二年五月，當UBS Warburg（瑞銀華寶）證券調降對三星電子的投資評比時，三星電子的股價一度從四十三萬韓圜劇跌到三十三萬韓圜。當時每天的交易量有一〇〇萬股以上。股價跌到三十三萬韓圜時，就開始回升，這意味著許多投資者都趁著三星電子股價下跌，趕快逢低大量買進。三星電子的威力可見一斑。

當然，國外各證券交易所，對於三星電子股價的觀點，有不少差異。認爲每股在六〇萬韓圜以上合理股價者有之，認爲僅止於四〇萬韓圜者有之。

會出現這些分歧的觀點，是因爲都是從短期觀點來看的。目前三星電子的股價雖然還受半導體市場的動向所影響，但長期而看，還沒有什麼股票能像三星電子這般具有非凡的魅力。

香港某位基金經理人曾說：「想到韓國股市，三星電子是無法排除在外的個股。雖然說是因爲三星的DRAM是全球第一，但更吸引人的是，三星所具備的穩定的事業結構。」

一九九七年IMF期間，韓國經營獲利的公司屈指可數（譯註：一九九七年韓國爆發金融危機，結果以「國際貨幣基金」〔IMF〕介入善後而告一段落，韓國人簡稱這段金融危機期間為IMF期間)。三星電子是其中之一。當他們的半導體事業陷入停滯狀態時，就以通訊器材大舉獲利；當通訊器材的市場沉寂時，又能以TFT-LCD大賺其錢。由於他們具備了黃金的事業組合，因此構築了足以應付任何狀況的彈性結構。

大部分國外證券業分析師都同意這一點。野村證券的分析師御子柴史郎表示：「三星電子非常懂得怎麼有效地使用費用，在製造的技術上，也比夏普或日立出色。日本業者與三星電子間的競爭，早在兩年前就告一段落了。」

UBS Warburg 證券曾因發表三星電子報告書而引起軒然大波，這家公司的喬拿森・杜頓則認為：「現在如果還把三星電子歸類在模仿其他公司技術的類別裡，那就大錯特錯了。」

法國 Seric- Corée 公司總經理 Philippe de Chabaud-Latour，雖然不是股票分析師，卻是個出色的經營者。他對三星電子的看法是：「三星最高經營團隊的努力縱然相當了不起，不過，他們能以長遠的眼光來制定詳密的策略，才是使他們眞正與衆不同的特點。」

總之，今天三星已經發展成國際化的企業，並且具備再上層樓的潛力。

因此，在股票市場中，投資三星常被比喻成買保險。對投資者而言，安穩收益的公司就像是個避風港。照大宇證券研究中心主任金炳瑞的說法：「像是投保一樣，購買這張股票總有一天會大幅上漲的。」

還有一點，三星電子歷經IMF期間的波浪，將財務透明化，同時也釐淸與關係企業間的複雜融資關係，完全改變了外國人的眼光。事實上，複雜的融資關係，是韓國國內企業最大的問題。

三星電子也是如此。一方面三星電子雖然賺進很多錢，但是另一方面在諸如對三星汽車等的融資等項目上，出血也很嚴重。外國人對這些問題都非常不以爲然。然而，隨著會計透明化、關係企業之間的融資也受到嚴格限制，三星電子開始從內部復活。

看到日益壯碩起來的三星電子，精於聞嗅錢味的國外法人投資者，豈有放過的道理。

三星電子的威力也波及KOSDAQ（Korea Securities Dealers Automated Quotation）市場。KOSDAQ市場也有所謂「三星電子相關股」。以創投事業和中小企業爲主的KOSDAQ市場，以零配件供應業者佔多數。其中和半導體相關的業者大約有二〇到三〇家，大部分都是以三星電子爲對象來銷售設備或原料的公司。

行動電話零配件的業者，營業額幾乎有一半以上要仰賴三星電子。TFT-LCD裝配業者也一樣。隨著三星電子的營業情況、投資規模，這些業者的股價也隨之波動。就算是把它們形容成三星電子的附屬公司也不爲過。從「三星電子相關股」幾近百家的情形來看，三星電子在 KOSDAQ 市場也發揮了絕大的威力。

不只如此。整體股市的氣氛也隨三星電子而起伏。三星電子的股價上漲，交易所的綜合股價指數就跟著上漲，同樣地，KOSDAQ 市場也呈現上升趨勢。反之，三星電子下跌，綜合股價指數也疲軟無力，KOSDAQ 市場更呈現下滑走勢。

三星電子尤其對半導體相關企業的股價動態，具有絕對性的影響力，說他們在 KOSDAQ 市場的股價動向上動見觀瞻，毫不誇大。

在韓國股票市場上，三星電子就佔有如此決定性的地位。今後，韓國股市所面臨的課題，搞不好就是如何擺脫三星電子的陰影。雖然不論對三星電子還是韓國股市來說，這都是很令人期待的事情，但是，以今天三星電子持續攀升的走勢來看，韓國股市搭著這股上升走勢的順風船，還想減弱三星電子的影響力，不是件那麼容易的事。

3

半導體神話

對日本業者來說，他們的存在就像是眼中釘一樣。

領先日本業者開發出 256MB 的 DRAM，
則名副其實成爲世界最強的 DRAM 製造商。
不但是震動了韓國全國，也震動了全世界。
在 DRAM 方面超越日本，有深一層意義。
在此之前，韓國從沒有超越日本的什麼東西。
嚴格來說，甚至可以說是一直在日本面前抬不起頭來。

半導體——三星神話的開始

一九九六年十二月的某一天。漢城獎忠洞的新羅飯店裡，包括當時的副總理丁識錫在內，政經人士齊聚一堂。這天的酒會，是爲了慶祝三星電子研發出世界第一個256MB DRAM。

三星電子領先日本業者，開發出全球最先的256MB DRAM，眞是大事一件。在此之前，儘管三星電子也能排名第一，但僅僅是韓國國內的第一，可以說是井底之蛙。以技術而言，還是落後於日本的二等企業。

領先日本業者開發出256MB DRAM，則名副其實成爲世界最強的DRAM製造商。不但是震動了韓國全國，也震動了全世界。在DRAM方面超越日本，有深一層意義。在此之前，韓國從沒有超越日本的什麼東西。嚴格來說，甚至可以說是一直在日本面前抬不起頭來。而這時，在全球最尖端技術的領域中，韓國企業做到了連日本也做不到的事情，的確值得舉辦酒會，熱鬧地慶祝一番。

容光煥發的三星集團董事長李健熙，與丁識錫副總理共同入場，揭開了慶祝酒會的序幕。主持人三星電子副董事長金光浩介紹完研發過程之後，緊接著丁副總理上台致辭。體型較小的丁副總理，從身高超過一八〇公分的金副董手上接過麥克風時，開了個玩笑說：「麥克風的高度，好像反映了民間企業和政府的位階。」

丁副總理的玩笑，讓會場許多人的嘴角都勾起一抹微笑。不過，當時一位與會的大企業家卻有感而發地這麼說了：「雖然這是丁副總理為了化解尷尬氣氛而講的一個笑話，不過，要大家只把它當成一個笑話來聽，好像也挺困難的。」

丁副總理身肩經濟政策重責，他一句三星電子的位階比政府還高的玩笑話，可被在場人士結結實實地聽進心裡去了。

現在，三星電子穩居DRAM銷售全球第一的地位，已邁入第九年。競爭對手，逐一被三星電子淘汰。撂倒越多的對手，三星電子就越形強盛。不過，三星電子的DRAM發展史，並不是什麼一帆風順的故事，而是一連串艱苦的磨難。

一九七四年十二月。當時身為東洋放送理事的李健熙（譯註：東洋放送，是三星參予投資，韓國一家兼營電視和無線電台的媒體），對他的父親，也就是三星集團故董事長李秉喆，說了這麼一句話：「爸，就算是只有我一個人，也要試試看那件事。」「那件事」，指的是接收韓國國內最初的晶圓加工業者——韓國半導體的富川工廠。當時李健熙理事堅信進軍半導體事業勢在必行，於是向父親建議接收美國 Kamco 公司曾經營過的富川工廠。

謹慎的老董事長無法立作判斷。因此，自信滿滿的年輕理事站出來表示：「那麼就讓我直接試試吧！」。幾天後，李健熙以個人名義收購了韓國半導體。這就是後來的三星電子富川半導體工廠，也是三星半導體的代表性廠房所在。

因此，最先向半導體伸手的人，可以說就是李健熙董事長。眞要追究三星半導體的創始者是誰，不是李秉喆故董事長，而是李健熙董事長。他深諳半導體的重要性，並由此創造出自己的事業，可以稱得上是全韓國「矽晶狂熱份子」（silicon mania）第一號。

富川工廠所製造的產品，雖然只是電晶體（transistor）水準，低級的積體電路（IC），但在當時卻是一項偉大的技術。富川工廠所製造的ＩＣ，讓韓國得以實現電子手錶的國產化。當時的總統朴正熙，曾在這種手錶上刻上「大統領朴正熙」的字樣，贈送給國外來訪的貴賓當禮物，頗有炫耀韓國尖端技術的意味。

韓國的半導體產業，差一點就僅止於「朴正熙手錶」的境界。既沒錢，又沒技術的韓國政府或是企業，想正式踏入半導體產業，連想像都覺得遙遠。

二次石油危機重創世界經濟後的一九八二年初，故董事長李秉喆，從美國、日本訪問歸來之後，下了一個重大的決心。不產油的日本，在石油危機當中卻未遭到太大的打擊，令他甚爲好奇。究其原因，就是尖端技術的產業發達。李董事長領悟到，韓國也要開發尖端技術，而尖端技術的核心就是半導體。

自此，過了一年之後的一九八三年二月八日，李董事長發表了東京宣言，也就是三星集團進軍半導體產業的出師表。三星DRAM，自此開始。

聽說三星要進軍半導體產業，政府官員一陣跳腳。當時經濟企劃院（現財政經濟部）的高層官員也曾在公開場合批評：「三星說要做半導體，簡直不像話。爲什麼要花那麼多錢去做一件未來還那麼不確定的事業呢？去推動推動製鞋產業不是還更好些！」但是，三星執意走上了這條路，一條延續著苦行與波折的路。

一九八三年七月，當時三星電子的研發室主任李潤雨，協同七名組員一起到美國美光科技（Micron Technology）尋找技術。爲了獲得技術的研修，這眞的是所謂的「半導體考察團」。

李主任一行人受到諸多阻撓。事實上美光科技絲毫沒有要將技術傳給三星的意思。純粹是因爲日本的業者來勢洶洶，爲了牽制他們，才勉強將三星拉進來。不過，李主任一行光是爲了可以確定半導體是如何製造的這一點點知識，還是興奮不已。

同時，他也大舉網羅了美國境內具備半導體研發經驗的人才。美國加州大學的李林成博士、Zilog公司技術中心本部部長李相駿博士等，都是在這時加入了三星。

製造半導體，說來容易。從興建工廠的這一件事開始，就需要高度的技術。一九八三年九月，三星的第一間工廠在京畿道器興正式開工。即使是先進國家，興建一座半導體工廠預估也要十八個月，三星首次建工廠，一切都很生疏的情形下，李秉喆董事長卻下達命令「六個月內完成」。

當時光是把坡地剷平、整地，都不止要花六個月的時間。在工地現場，到處有三星同仁不停在問「我們爲什麼非要半導體事業呢？」。在名爲「阿吾地煤礦」的地方，大家不斷地熬夜趕工。

工程以每天二十四小時不停的進度地持續。也不只是熬夜就能解決問題。半導體設備相當敏感。一點點灰塵，或是震動，都會產生誤差。把這樣的設備搬運到工廠裡面加以安裝，也是個大問題。

當時，從美國運進照片設備（半導體電路的顯像設備）的時候，還出了一件事。由於這個設備不能受到絲毫衝擊，所以從機場運到器興時，相當傷腦筋。車子不能以高速行駛，只好打開大燈，以時速三〇公里小心翼翼地前進。當時的車流量並不大，還可以這樣搬運，如果像現在，根本是不可能的事。

問題是接下來發生的事。可能是太匆促了，大家忘記過了器興收費站到工廠門口前，大約有四公里區間的道路還沒有鋪設完成。快到器興收費站時，設備搬運組的人才突然想到這件事。

正當他們驚慌、不知所措之時，出現在他們眼前的，卻是一條鋪好的道路。早上明明還是凹凸不平的路，卻像變魔術一樣，全變成鋪好的道路。

是留在工廠的職員，注意到路必須平坦，所以急忙趕著把路修整弄平。還動用了超大型的風扇，讓剛鋪好的路趕快風乾。三星半導體於是啓動。

宣佈進軍半導體產業之後，經過十個月，一九八三年十二月一日，三星半導體通訊（後與三星電子合併）總經理姜晉求，召集工商及科技相關的記者，宣布開發出「64KB DRAM」。曾經笑說三星能在一九八六年前開發出 64KB DRAM 就算成功的日本業者，大吃一驚。這是半導體史上空前絕後的事。

翌年，三星半導體通訊爲了上市，實施企業股份公開。公開募集資金時，累積了三千三四六億韓圜。這是筆相當鉅大的資金，當時甚至有人說，韓國的錢全都堆到了三星半導體通訊。三星如此備受矚目。

再隔年，一九八五年一月三星研發出256KB DRAM，發表製作的測試品，一樣不負衆望。全世界又吃了一驚。雖然海外報導有難以置信的反應，但這是事實。三星畢竟是做到了。

但是，風光一時的三星半導體，也是從此刻起開始面臨致命的危機。半導體的產量過剩，以致於DRAM的價格暴跌。每個曾經要價四美元的64KB DRAM，居然慘跌到七〇分。形成製做越多賠越多的局面。股價曾經是三，〇〇〇韓圜的三星半導體通訊，暴跌到一，八〇〇韓圜。情況惡化到連英特爾都想從DRAM產業撤身。但是三星不肯屈服，反而進一步增加設備的投資。

經過一九八七年，半導體價格終於有再度回升的趨勢。然而，事情還沒有結束。德州儀器（TI; Texas Instruments）端來了專利問題。該公司針對日本業者提出專利訴訟，也一併向三星提出索賠。

日本業者向德州儀器交出自己保有的一些專利技術，來解決這個問題。三星卻沒有這樣的技術。結果，日本業者全身而退，只有三星要繳交大筆的權利金。對沒有技術的三星，眞的是很冤枉的一件事。

外國企業的羈絆，這是一個開端。三星一有起色，他們就開始投出牽制球。一九九二年美國美光科技對美國商務部控訴三星電子等韓國業者傾銷。而三星等韓國電子業者則主張他們保有超過二〇〇%的毛利率。

經過一年以上的來回攻防，美國商務部最後認定三星電子的毛利率是〇・八二%。這些無奈的事，也讓三星電子吃盡苦頭。不過重點是能夠讓美光科技在某些程度上認識了三星。

「眞想贏一次日本。」說這句話的是陳大濟博士，他割捨了緊抓著自己的ＩＢＭ，投入了三星。這是一九八五年的事。一九八八年，在美國史丹佛大學擔任研究員的黃昌圭博士也是要因爲想「戰勝日本」而搭上了三星號。

陳大濟博士研發出16MB DRAM，黃昌圭博士製造出256MB DRAM。權五鉉博士是64MB DRAM開發的主角。他們是「韓國半導體的開拓者」，眞稱得上是國寶級的人物。這些年輕新銳，在創造今天的半導體三星中，扮演了重要的角色。

事實上，不只是對三星，對韓國經濟來說也是，日本業者就像是一座必須超越的高山。ＤＲＡＭ產業徹底地體現赤字生存的原則。不是要活下來讓自己變得更強，就是死路一條，只能二選一。日本業者不是什麼強勁的競爭對手，而是必須消滅的敵人。

一九九五年十二月，三星電子剛開發完256MB DRAM之後，在韓國一份報紙上刊登了一篇特別的廣告。那雖然是一份祝賀三星電子研發 256MB DRAM 成功的廣告，聳動的字句刻印在太極旗上。副董事長金光浩詢問記者，爲何用以前的太極旗（韓國的國旗），記者笑著回答說「至少在DRAM上，韓國和日本的關係變成平等，這聳動的字句是爲了暗示回到以前的狀態。」對日本業者來說，他們的存在就像是眼中釘一樣。

三星電子以半導體的成長當作自己的養分，朝著世界性的企業成長。如果三星半導體當初沒有拓荒者的精神，這一份功業是絕不會達成的。

目前，三星在半導體領域中，正積極準備第二次的躍進。他們抱著一個理想，希望改變偏重於記憶體的事業結構，轉而在記憶體與非記憶體的所有領域，都能站上世界排名第一的巔峰。

4

「三星人」的身價

光是「三星人」幾個字，就足以為某人的能力背書。

有一家獵頭公司的總經理這麼說：

「所以，以個人所任職過的公司經歷作為評價標準，

似乎最為客觀。而經歷裡面如果說是出身三星，

那就佔了上風。」尤其如果是在三星任職多年的人的話，

能力可以說得到了某種認證。

他們懂得如何做事

這是個講求身價的時代。能力決定身價的高低。同一個企業當中，根據能力高下，年薪會有很大的差異，要換其他公司的人也一樣。能力，總是企業最優先考量的絕對基準。

所以，無論是網羅人才或是想要轉換工作，如何以能力作爲客觀評價或佐證，是非常重要的。但要客觀地說明或說服別人相信自己的能力，都是非常困難的。

有一家獵頭公司的總經理這麼說：「所以，以個人所任職過的公司經歷作爲評價標準，似乎最爲客觀。而經歷裡面如果說是出身三星，那就佔了上風。」尤其如果是在三星任職多年的人的話，能力可以說得到了某種認證。

光是「三星人」幾個字，就足以爲某人的能力背書，說來非常奇怪。不是因爲他個人的資質，而僅僅是因爲他在那家公司工作過，就能使一個人的能力受到肯定，在邏輯上似乎非常牽強。然而，仔細觀察三星的組織結構，就能明白其中自有一番道理。

不久前，朝興銀行新舊銀行長交接的時候，魏聖復銀行長的職缺該由誰出任，成爲熱門話題。先前盛傳魏銀行長的職缺，內定由財政經濟部，或出自於金融監督院的人擔任，因而一度引起大家擔心會再度陷入「官派人事」的憂慮與批評。

某天傍晚，記者的手機鈴響了。有人轉來一個消息，說是朝興銀行長的職缺，似乎將由民間金融單位的人出任，猜猜會是誰呢？既然說是民間金融單位的背景，不能不附帶地問一句：那會不會是出身三星的人呢？在不是政界也不是金融界的前提下，講到民間企業，腦中最快浮現的不可避免就是三星。最終的結果雖然另有其人，但是由此看得出來，三星背景的競爭力可以受到多高的評價。

光就三星電子的表現，其實也可以看出端倪。三星電子是公認國際性的企業，除了在DRAM產業有著不可撼動的全球第一的地位，在行動電話及通訊機器方面，也躋身世界頂尖之列。

家電產品的領域，也由於數位化的浪潮而在大轉型之中。轉型的最終目標當然是「世界第一」(World Top)。他們在「家庭劇院」(home theater) 這種技術新穎又複雜的市場上開始嶄露頭角，正在邁入世界頂級廠牌的水準。

三星電子這些地位，不是憑空而來的。這些活力都是從人所散發出來的。故董事長李秉喆的經營哲學中，便是以「人」爲中心。李秉喆董事長一向主張「人才第一」。他能始終如一地堅持「第一主義」，正由於他不遺餘力地網羅可以創造這種主義的人才。

三星是韓國最先引進公開招募制度，用以吸引國內人才的企業。因而，優秀的人才不勝枚舉。無論以前或現在，三星都是精英的聚集所。

當然，即使有再多優秀的人才，也無法保證一定能誕生出像今天三星一樣的企業。就好比說是因爲用上好的米做飯，並不保證煮出來的飯一定就很香的道理。最重要的還是應該要讓人才各盡其用，發揮他們最大的力量。另外也讓這些人才之間彼此合作無間。

這裡說的是，企業不能靠人，而要靠系統的運作來經營。優秀人才依循著系統而工作，然後不斷開發讓這個系統有效運作的 know-how——三星電子透過這個過程，才有今天。

因此，說一個人在三星工作過，一方面指這個人的資質很好，另一方面也指他們懂得如何整合系統的運作。所以三星出來的人，轉戰大企業、金融界而成功的人才很多。系出三星，具有CEO級地位的大企業人士不勝枚舉：全經聯（全國經濟人聯合會，The Federation of Korean Industries）常務副會長事孫炳斗、東部集團副董事長李明煥、Coex（韓國綜合展示場）代表理事安在學等。在金融界方面，韓國投資信託證券總經理洪性一、前大韓投信信託運用總經理趙星相等也都是三星人。

就企業集團而言，三星集團出來的人，佔韓國產業、財經主流的人才為數最多。此外，在幹部級的位置上，嘴邊掛著「三星出身」的人更是不計其數，各自在自己的企業裡佔有重要職位。

說得誇張點，所謂「三星人」的經歷，可以成為比任何學歷都更能獲得肯定的背景。

三星人位居大企業、金融界主流的原因，相當複雜。一位大企業家歸納說：「這是因為他們做事認真、知道如何做事、又能做得很好。」另一位大企業家則指出：「在三星工作相當時間的職員，表示他的能力已受到認定」，因此，「如果專業經理人的制度真能確實實行的話，三星出身的CEO一定會多得出人意料。」

事實上，三星集團亦有「管理的三星」之美譽。三星管理能力之卓越，由此可見一斑。三星在如何網羅優秀的人才，再讓這些人才適得其所的know-how上，比韓國其他企業突出許多。在集團內部，為了消除旁門左道，進行徹底的組織化管理，對經營成果的評鑑制度上，相形之下也比韓國其他企業更有效率。

三星人對於組織的忠誠度，也是高得出名。在三星，高層主管普遍的特質就是「見不到面的三星人」。他們都是二十四小時工作。所以當開始施行早上七點上班，下午四點下班制度時，最不知所措的反而就是這些上司。

清晨上班，半夜才下班，早已變成習慣，在日落前的下午四點下班，根本不像話。所以，也有許多人借住飯店，下午四點一到，就到飯店房間內繼續工作。當然，這些都不是強制要求的。然而三星人對工作就是如此認眞。

除此之外，一般經營者認爲最爲難纏的工會，三星人也比較沒有這方面的顧慮。由於三星人是在沒有工會的組織裡工作，因此與其爲了工會，在三星工作過的人，反而都更會爲如何實現經營者的想法而努力。

三星人之所以能在產業界大受歡迎,最重要的還是因爲他們待過「明白第一的滋味」的組織。三星的經營目標常以第一主義出發。爲了得第一，又爲了保住第一，要竭盡心血努力奮鬥。因此，很多人認爲三星出身的人，懂得建立明確目標，並致力達成。有人認爲把事情「交給三星人，可以放心」，其理由亦在於此。

最近，在產業界中，三星人形成另一股主流。如果說三星過去在管理領域裡，培養出很多優秀的CEO和人才，那麼近來在創投企業中，三星人才也刮起一陣旋風。

創投企業CEO的聚會中,有所謂的「SDS4U.COM」。這個聚會由七〇多位成功經營創投企業的CEO所組成，而他們清一色是由三星SDS所出去的人。就同一個企業出去的人所組成的聚會而言，這一個聚會的規模最大。Nexzone 總經理姜聲振、Naver.com

總經理李海珍、Hangame 總經理金範洙、Partec 21 總經理金載河、Sellpia 總經理尹庸等創投事業知名的CEO均爲成員之一。N'ser Community 的崔埈煥總經理、Sysgate 的洪性完總經理、New Soft Techniques 的金政薰總經理、Game Enterpise.com 的李道鏞總經理、Anger soft 的金永起總經理也都是主要成員。

這其中也包括活躍的女性創投企業家，Infoguru 的曹南珠總經理、Designstorm 的孫貞淑總經理等。

KOSDAQ 所登記的創投企業總經理中，也以三星人佔居多數。C & S Technology 總經理徐承模（曾任三星半導體通訊記憶體晶片設計組組長）、S Net System 總經理朴孝大（三星SDS事業群部長）、Hansol 創投企業投資總經理李淳學（三星集團秘書室・Hansol 集團結構調整本部部長），「拍賣王」總經理李今龍（三星物產網際網路事業部理事）、Delta 情報通訊總經理李旺錄（三星 SDI 洛杉磯分公司總經理）等，都曾是三星人。

另外，場外企業包括 Netian 總經理洪允善、Freechal 總經理全濟完等，均出自三星集團相關企業。以社區服務網路快速成長的 Freechal（舊「自由與挑戰」），總經理全濟完，畢業於漢城大學經營系，在自行創業前，於三星物產及集團秘書室理事組工作了十來年。全總經理在三星任內曾經升職三次，並曾獲選爲第一屆「最引以爲傲的三星人印象」，如果繼續留任公司，或者會以專業經營人之姿，在三星的關係企業中佔領一席CEO也說不定。然而，就像當時他所創業的公司名一樣，「自由與挑戰」才是他的企業哲學。

一九九七年，從三星SDS公司內部一個創投事業單位Naver Port，獨立出來創建了Naver.com。這家企業的李海珍總經理，是尚文高中、漢城大學電腦工學科、韓國科學技術院（KAIST）畢業，之後進入三星SDS，擔任Naver.com前身——Naver Port的總經理。

偏好休閒穿著的他，外表看似薄弱，內心卻大不相同，是典型外柔內剛的CEO。周圍的人對他性格的評論是，只要想做一件事，就會一頭栽進去。

Netian的洪允善總經理大一高中、仁荷大學電腦工學科畢業，之後於東西證券擔任指數、期貨、債券、投資、企業分析服務規劃的技術分析師。離開東西證券之後，在三星SDS事業部（現Unitel）擔任行銷負責人。

對於出自三星的創投企業人大幅增加，某位創投企業相關人士表示，「三星的第一主義，讓三星變成優秀人才的聚集所。這是在三星組織內，確切學到企業經營know-how的人，靠自己所走出來的路。」

尤其，出身三星的創投企業的CEO們，不像其他創投企業的負責人那樣只看重技術一環，而懂得運用在三星所學到的系統性經營方法，成功的機率自然要高出一截。不只在產業界，在創投業也形成主流的三星人，已經成爲國內經濟重要的主軸。

5
二〇一〇年的目標

邁向全球 IT 產業前三名

二〇〇二年四月二十日，
三星電子關係企業總經理會議當中，
宣佈在二〇一〇年以前，將成爲
「主導數位聚合（Digital Convergence）革命的企業」，
並以邁向全球 IT 產業前三名爲目標。

目標二〇一〇年世界前三名

二〇〇二年四月二十日，三星電子關係企業總經理會議當中，宣佈在二〇一〇年以前，將成爲「主導數位聚合（Digital Convergence）革命的企業」，並以邁向全球ＩＴ產業前三名爲目標。

副董事長尹鍾龍表示，「網路聚合的時代已經即將來臨。產品的附加價值也將由硬體轉移到服務以及解決方案（Solution）的提出」，進而說明了他們設定這個目標的背景。換句話說，三星企業的重心，將從單一產品轉型爲網路製品，從硬體轉型爲服務與解決方案等。

諸如掌上型電腦又能同時結合行動電話、ＭＰ三機能的「Nexio」，或是行動電話中增加個人數位助理（ＰＤＡ）機能的「Smart Phone」，這一類數位聚合的產品，勢將大幅擴增。他們的策略是，先以自己在記憶體、非記憶體、ＬＣＤ等核心零組件上的競爭力爲基礎，把行動電話、數位電視等產業推上排名第一，然後再進一步以這些產業爲基礎，進而強化行動網路（Mobile Network）、家庭網路（Home Network）以及辦公網路（Office

Network）等事業。

在通訊領域裡，三星將整合他們的攜帶型終端機、通訊系統，以及網路部門，發展出行動網路的事業。在家電產品領域裡，他們則將在數位電視、數位錄影機、電腦、網際網路、冰箱、洗衣機、電磁爐等日常家電用品中，結合通訊領域技術，使之發展爲家庭網路事業。

三星藉著自己在TFT-LCD、PDP（電漿顯示器）、有機EL（OEL）等顯示器領域擁有全世界最強的技術與最高的市場佔有率，結合力量逐漸增強的印表機事業，也定出將在辦公網路的領域裡領先競爭對手的策略。另一方面，三星也正在探索無論何時何地均能連結網路的「無所不在的網路」（Ubiquitous Network）事業。

爲了實現三星電子往後在行動網路、家庭網路、辦公網路等領域的策略事業，他們已經以特別編組（Task Force）的方式組織了策略企劃團隊，以及數位聚合小組、創投事業小組、內容事業小組等，以二百餘名成員於二〇〇二年設立了一個DSC數位解決中心（Digital Solution Center）。

也就是說，他們正在透過把數位媒體（Digital Media）與通訊等部門的融合，希望產生新的力量，研發出革命性的產業與產品。

特別是三星電子將以記憶體、System LSI、TFT-LCD等主要零組件事業，強力支援第三代網路事業，間或提供系統產品的解決方案（Solution），強力培植未來事業的力量。

至於半導體事業，則是期望能夠跟上以上這些未來市場的變化，繼續扮演核心的角色。首先，爲了支援數位聚合產品的開發，三星電子先求強化提供解決方案的非記憶體半導體事業。與用作資料儲存的ＤＲＡＭ等記憶體不同，非記憶體半導體主要用途是資料處理與系統運用。

非記憶體部門總經理林亨圭表示，「即使製造業的重心已經轉移到中國大陸，韓國國內必須保有各種零組件的核心非記憶體半導體技術，才足以生存下去。」此外，由於非記憶體的市場規模已高達記憶體的三倍左右，還繼續有成長空間，而且價格漲跌幅度也不像記憶體那麼大，可以降低對記憶體的過度依賴，這些也都是三星希望加強非記憶體事業發展的考慮因素。

因此，李健熙董事長常常強調，「非記憶體的發展，要更大，要更深。」

三星電子計劃以獨資方式，確保行動用ＣＰＵ、移動通訊用晶片、顯示用晶片等有潛力的核心晶片技術，朝向世界最高水準目標邁進。爲了能呼應一個晶片相當於一個系統作用的ＳＯＣ（System on chip，系統單晶片）趨勢，並將建立研究所來大幅強化ＳＯ

C事業。「我們一定要掌握足以涵蓋所有產品領域的關鍵非記憶體技術。」林亨圭總經理表示，「非記憶體的發展是爲二〇一〇年所做的準備，不是失敗一兩次就要放棄的事情。」三星的非記憶體事業的主要目標是，到二〇〇五年爲止，再增加投資五〇億美元，打進世界前五名。

在記憶體事業方面，三星一方面將增加快閃記憶體（Flash Memory）、SRAM（Static RAM，靜態隨機存取記憶體）、複合晶片等事業，以避免過度依賴價格變動過大的DRAM，另一方面，DRAM也將從泛用型轉移到高附加價值型產品。快閃記憶體由於是行動電話、數位相機、數位攝影機等產品所使用的記憶體，預計將成爲記憶體中成長幅度最高的部門。

儘管最近IT產業的景氣不佳，三星在快閃記憶體上的每年平均成長率仍然高達五四%。已經在DRAM及SRAM上居於全球之冠的三星電子，再強化快閃記憶體的領先的話，就可以把整個記憶體產業的主導權納入手中。三星在數位相機所使用的NAND型快閃記憶體市場中，早已擺脫東芝而位居全球第一，至於行動電話所使用的NOR型快閃記憶體市場，三星也要挑戰英特爾、AMD等企業的領先。透過以上策略，預計到二〇〇五年爲止，SRAM和快閃記憶體的比重將提高到整個記憶體事業的五〇%。

DRAM的領域，將擴大生產伺服器（Server）、工作站（Work Station）、筆記型電腦、繪圖用（Graphic）等高附加價值的產品，同時還計劃擴展出「Solution DRAM」，以適用於次世代行動電話、超小型數位相機、隨選即玩型遊戲機（Play on Demand）等多樣產品。計劃於二〇〇五年左右，「Solution DRAM」的事業比重，將達到和泛用型DRAM相當的水準。

三星在未來型半導體研發上，除了將電路線幅縮小到奈米水準的半導體製程技術之外，還在研發矽晶以外，以砷化鎵（GaAs）等新興化合物爲素材的半導體。

現在已確定的九〇奈米核心技術，計劃將於二〇〇四年投入量產，另一方面他們也正積極研發五〇奈米以下的技術。此外，爲了結合生命工學與電子技術，研究所單位也將生物晶片（Bio Chip）視爲未來事業，正在積極發展相關技術。

二〇〇〇年十一月，三星電子曾以「數位e企業」（Digital e-Company）的標題發表以下的願景。在研發方面，全力鞏固核心技術和零組件；在銷售方面，加強行銷能力；整體運作上，爲了強化供應速度以及費用的最小化，要把整個事業體以數位化爲中心重新再調整一次，將經營過程轉換成e化體制，最終，則以實現顧客生活的價值與幸福爲目的。

他們所宣示的是：三星將以行動網路、家庭網路、辦公網路、核心零組件等四個次世代核心事業爲中心，調整體質，重組事業結構。換言之，這是一次強烈的經營革新的宣告。

三星電子預估，未來成功地轉型爲數位e企業後，二〇〇五年將能達到營業額八〇兆韓圜、淨利十二兆韓圜、營業淨利率一五％、品牌價值一五〇億美元的目標。

隨著數位化中心的事業改造，三星電子的企業文化也將改爲「市場取向」（market driven company），積極推動「市場主導企業化」。提高行銷力量，訂定市場取向的經營過程，讓市場取向的組織與文化向下紮根，期待成爲創造最佳營收的國際一流品牌企業。藉此創造二〇〇五年八〇兆韓圜營業額的成績，躋身國際最高水準企業。

如同副董事長尹鍾龍所說，「在電子產業和消費者趨勢快速變化的數位聚合時代當中，以製造爲中心的體制，不再有生存的保障，因此，我們要清楚了解市場的變化與顧客多樣化的需求，以確實轉換成市場取向的企業。」

三星電子不只把未來寄託在這樣的長期目標上。今天是個預測一年後的情況也會大有出入的時代，誰也難保五年、十年後的市場會按照一開始的計劃進行。因此，包括三星電子在內的三星集團，把自己願景眞正所寄託的對象，還是「人」。

從二〇〇二年五月十五日，李健熙董事長接受《韓國經濟新聞》採訪時，對「三星電子如何掌握未來？」這個問題的回答中，可窺一二。

「今天我們手上雖然握有十多個全球第一的產品，但是隨著市場的變化，誰也無法斷言未來到底會是個什麼情況。所以早在幾年之前，我就開始爲了思考五年到十年後，到底要靠什麼來存活下去的問題而苦惱。從去年起，我也跟集團的諸位CEO表達了要他們也思考這個問題，爲未來做準備。還有，在廿一世紀，知識競爭力是比什麼都重要的，如果說廿世紀是經濟之戰，那麼廿一世紀將是頭腦之爭了。未來國家或企業間的國際競爭，將取決於人力資源的品質。因此，爲了爲未來預做準備，最必要的就是人才和技術。因此，我們一方面不分國籍地網羅研究開發、行銷等領域的優秀人才，另一方面則以研發尖端技術爲第一要務。」

他說的是：未來的願景，就展現在企業所可以網羅的優秀人才裡。因此爲了五年、十年後，名副其實地躍升到超級一流企業的地位，三星電子將努力發掘並且有系統地培植對未來深負責任感的人才。三星電子人才策略的第一原則，就是不分國籍，錄用世界級的優秀人才。

三星瞄準世界知名大學，不只要網羅其中優秀的韓國留學生，也不放過當地的優秀人才。聘用的時候，將以研究開發、行銷、金融、設計、IT等落後於先進國家的領域爲優先。每年要網羅海外人才的時候，不只人力資源部門的主管要出動，各企業的CEO也得親自出馬。

此外，考慮到外國人有時候即使是在自己國家裡也不喜歡遷移到其他地區，因此除了在一些主要的海外據點以外，也將追加海外一些地區性研究所的設立。由於中國大陸、印度、俄羅斯等國家優秀人才很多、基礎科學也相當強盛，因此三星擴大制定了一些選拔這些國家的人才到韓國來留學的計劃。

在這同時，三星集團也積極推進公司內部核心人員的國際化，加強任職職員的外語教育與人文學習等。三星原來每年選拔三五〇人參加海外特定地區研究、海外MBA、各種職能研修等等，今後這個名額將增加到每年一，〇〇〇人。

第三個策略，則是提早培育人才。現行韓國的學校教育以入學考試爲主，培育人才相當困難，於是三星有計劃直接培植他們，讓他們可以自主成長。目前三星已經以軟體俱樂部會員（Software membership）、設計俱樂部會員（Design membership）等名目培植了八〇〇餘名高中、大學在校生，未來將更加擴大這一類的人才培育計劃。

第二卷

分解動作與說明

三星電子何以強盛

1

李健熙的領導力

一名優秀的人才，可以養活十萬名的人口。

被稱爲「李健熙癥候群」的三星新經營策略，

在企業間或社會上，都讓重視外在的「重量思考」，

轉換成重視品質與機能的「重質思考」。

三星可以成功地調整結構，

也是因爲能比其他企業更快看破危機。

超強的領導魅力、卓越的洞察力

三星電子之所以能成爲一流企業，是經由許多重要因素所融合的成果。其中最重要的因素，專家學者之間談起來的時候，都首推李健熙董事長卓絕的領導才能。管理學者大多同意羅夫・卡森的名言：「企業的命運決定於領導者的領導力（ownership）。」

李健熙以他木訥的言辭與簡單的行動，卻能機敏地引導三星電子，正在於他有自己的領導力做後盾。他能化危機爲轉機，並且不斷地提高企業的競爭力，也正是因爲他總是能適切地發揮他的領導力。如果不是一而再，再而三地適切地發揮了領導力的作用，三星事業的危機是無法綻放出半導體事業的花朵的。

近來，李健熙經常叮嚀以差異化來準備未來，主張「準備經營」。關係企業的總經理們對此也相當緊張。因爲李健熙對關係企業的細部經營狀況雖然絕不輕易介入，但總是會直接看破他們的弱點所在。

像是最近李健熙會閃電撤換新羅飯店的經營團隊，就並不是由經營報告的結果而來，而是由於自己在新羅飯店現場直接感覺到的問題，而做出的措施。

李健熙在沒有事先通報的狀況下，直接親自視察新羅飯店，對各個角落都進行了探視。他要看看新羅飯店是否擁有可以媲美世界一流飯店的服務。當場，李健熙就提出了不少的指正。

李健熙指正的重點，是說這家飯店的服務，還不到可以滿足外國貴賓的水準。李健熙就是以這種方式，激起全體組織的緊張感。三星關係企業的總經理們，不能輕忽任何提案，因爲誰也無法預測何處會激出火花。他們比其他公司的經營者，要多花上兩、三倍的思考。因而所做出來的結果，其實是考量了多種經濟情況，所建構出的經營脚本。

準備經營

每當韓國的經濟面臨關鍵時刻，李健熙總能透過他特別的危機意識，提出解決之道。一九八八年接任三星集團董事長一職之後，李健熙就強調對危機要有「意識」與「認識」，以及這二者之間的轉換的重要性，並宣佈「第二創業」。接著，一九九三年大力主張「重質的新經營」，這是爲了確保世界一流競爭力所必須做的改變。

當時，這種改變全面地擴散到企業界及社會上，引起相當大的迴響。被稱爲「李健熙癥候群」的三星新經營策略，在企業間或社會上，都讓重視外在的「重量思考」，轉換成重視品質與機能的「重質思考」。

三星可以成功地調整結構，也是因爲能比其他企業更快看破危機。一九九七年金融危機之後，三星之所以能比別人快一步調整結構，原動力正在於李健熙的新經營策略。

當年金融危機一爆發，三星就在李健熙調整結構的堅定意志下，成立結構調整

三星電子的排名變化

類別＼年度	1999年	2000年	2001年
《富比士》全球企業排名	111名	94名	70名
《財星雜誌》全球企業排名	207名	131名	92名
《富比士》亞洲大企業排名	37名	28名	22名
《亞洲商業週刊》最受尊敬企業排名		9名	2名
《商業周刊》品牌最具價值排名	未上榜（75名以下）	43名（52億美元）	42名（64億美元）

本部，一方面迅速縮編，一方面強化核心力量。

今天儘管三星各個關係企業都創下了空前的經營成果，李健熙還是再次強調危機意識，「如果自滿於現在的成績，隨時都會再度陷入危機。」也許正是因爲如此，他不斷囑咐同仁要認眞思考十年後該做些什麼，該以什麼來因應時局。爲了避免第一名企業所可能產生的自滿，他總是丟出各種問題要同仁回答。

李健熙強調，隨著以半導體、行動電話、TFT-LCD等爲主力的三星產品的出口比例，高達全韓國整體出口量的一五％以上，三星如何因應未來，也將深深影響到韓國的未來。

重視「人」的經營理念

「一名優秀的人才，可以養活十萬名的人口。」「集合十名圍棋一級棋手的力量，也無法戰勝一名圍棋一段的高手。」

李健熙最近引爆的話題，就是延攬核心人力。這是因爲，左右企業競爭力的關鍵，正在於技術。他一向要求，一旦聘請了優秀人才，就要給予最好的待遇，並使其發揮最大的才能。若是得知有人聘請了優秀人才，卻浪擲不用，李健熙就會火冒三丈。

一九九〇年初的「福田報告書事件」就是個代表。日本的設計專家福田先生，以顧問身分進入三星，三星經營團隊卻漠視他的建議。

福田先生寫了篇報告批判此事，李健熙偶然間看到這篇報告，大發雷霆。自此之後，三星電子相當仔細照顧延攬進來的人才，讓他們可以在最優質的環境中工作。

三星電子之所以被稱爲「工程師的天堂」，是有其道理的。三星電子擁有一，五〇〇名博士級的人才，比漢城大學的博士人數還多。然而，李健熙並不因此覺得自滿。

二〇〇〇年十一月，在日本沖繩縣所召開的三星電子總經理會議當中，李健熙明白指示博士級的核心人才要增加到三，〇〇〇名爲止，並叮嚀要確保領域設計的專業人才。李健熙也特別強調，每個人都要牢記，技術人才是只在備受尊重的環境中才會工作的。

最近，他更指示要不分國籍錄用人才，並且每年都要增加一，〇〇〇名碩、博士人才。除了親自召開主持三星總經理團的「人才策略研討會」，並決定「天賦異稟人才的早期培育」等探討課題。

李健熙說「廿一世紀是人才競爭、知識創造的時代，一名卓越的人才，可以養活一千人、一萬人。」，他強調「爲了五到十年後，躍升爲名副其實的一流企業，應該要提早發現未來的人才，並且有系統地培植他們。」

因此，三星將在美國、歐盟、日本、中國大陸等地擴大設立主要據點的研究中心，增額錄用不願離鄉他就的當地優秀人才。

自由經營哲學

「疑人不用，用人不疑。」李健熙董事長對於公司的經營幾乎不太干涉。當然，有必要提醒危機意識的時候，則不在此限。

暢所欲言毫無顧忌，是從故董事長李秉喆時期，開始紮根的自由經營傳統，到了李健熙董事長接掌三星，又做了進一步的強化。

或許因爲如此，在三星很難聽到「老闆專橫」之類的牢騷。那當然不是說他沒有領導力。董事長打破長久沉默的一句話，通常都會變成可以銘記在心、徹底實踐的訓示。

三星的總經理們表示，李健熙的話聽似簡單，其實很難。一九九三年，提出新經營時也是這樣。當時李健熙將三星電子比喻爲癌症末期患者，說是只要想到公司的未來，就會睡不著。由於那時的三星電子正值大好時光，所以周圍聽的人都有點丈二金剛，摸不著頭腦。

李健熙感到寒心的是：三萬餘名的人力製造產品，卻需要六千名的人力提供售後服務，這還有什麼競爭力呢？

「一定要減少不良品。」因爲唯有減少不良品，才能以少數的售後服務專員提供周全的服務。李健熙基於這樣的想法，要同仁「除了自己的妻小之外，一切都得改頭換面」。總管三星電子的三星集團副董事長尹鍾龍（當時ＶＴＲ事業部部長），到現在都還帶著一本筆記，上面記著廿年前李健熙（當時集團的副董事長）到水原工廠所指示的項目。尹鍾龍藉由翻閱筆記，把李健熙的策略與方針反映在經營上的努力，持續了很長一段時間。

這是爲了注意經營策略不能忽略一些必須考慮的原則。李健熙希望經營能如此進行。遇上兼具能力與意志的經營者，李健熙就會交給他全權負責。結構調整本部的總經理李鶴洙之所以能到今天都做得有聲有色，也是因爲有李健熙的信賴與支持。

李鶴洙總經理克盡己力，將李健熙的經營理念，適切地反映在各個子公司的經營上。這些人都是因爲李健熙充分地信賴與授權，才順利地扮演好董事長的左右手角色。

果斷的投資決定

談到三星電子，不能不談半導體。而需要大額資金的半導體事業，可以說是比賭博的風險更高。

如果沒有對未來確定的信心，很難進行投資的判斷。

三星電子半導體事業的前身是韓國半導體，那是由三星在一九七六年的時候接收過來的。當時是前董事長李秉喆總攬集團一切經營，李老董事長在接收半導體公司的時候，相當猶疑。

如本書第一部所言，當時是李秉喆的三男李健熙（當時東洋放送的理事）極力強調半導體對電子產業的重要性，提出必要的時候寧可自己出資的說法而說服了父親。三星一開始就舉步維艱的半導體事業，事實上直到一九八〇年底至一九九〇年初的時間，才確實轉弱爲強。

正當日本半導體業者因長期不景氣而躊躇不前時，李健熙董事長卻在 1MB DRAM 及 4MB DRAM 上投下了大筆大筆的資金。爲了這項投資，李健熙甚至在一九八八年將三星電子與三星半導體通訊予以合併。

當時家電事業方面的投資者，有不少反彈，但是李健熙基於對半導體事業堅強的信念，最後還是克服了困難。也正因爲挑對了最佳的投資時機，三星電子的記憶體事業僅以短短十一年的時間，就研發出 256MB DRAM，榮登世界第一的寶座。

對於師出有名、又有事業前景的產業，李健熙一向不吝於果斷投資。位於京畿道的愛寶樂園（Ever Land），爲了滿足顧客而持續不斷地投資，也是遵循李健熙的指示。他要求不要只是斤斤計較於收入，而應該給未來潛在的顧客——小朋友們，有一個做夢和充滿希望的樂園。可能基於這個原因，三星娛樂設施的目的，比起大賺其錢，更重視販賣想像和夢想。

經營專家所該擁有的慧眼，李健熙不但擁有，更將其實踐。

朝向超級一流的勝負說

李健熙經常對三星經營團隊提到高爾夫球的例子。

「以抽球（driver shot）打出一八〇碼的人，有教練的指點，很容易就能打到二〇〇碼。認眞練習的話，也可以打到二二〇碼。但是，想要打到二五〇碼以上的話，從握桿（grip）的方式，到站姿（stance）等等，都得全部修正。」

他的意思在於，想要克服和世界超級一流企業之間的微小差距，就得有這種心理準備。李健熙一再強調的「超級一流」這句話裡，就完全透露了一個經營者的自尊，也才有他不斷製造領先全世界的產品的要求。

行動電話正是這種超級一流精神的產物。一九八三年開始的三星行動電話事業，歷經了十年以上的苦戰。不要說是在全球，就連在韓國國內，也沒有辦法超越摩托羅拉。

一九九四年，李健熙下了特別指示：「不要受限於任何手段與方法，也不論要花多少錢，一定製造出摩托羅拉水準的產品。」於是，SCH 770——「Anycall」誕生了。

一九九五年，李健熙看到剛上市的行動電話有發現不良品的報告，立即下令回收所有的產品。十五萬台手機，或是以新品替代，或是直接回收。回收的產品，召集了工廠全體職員，在他們面前全部焚毀。一五〇億韓圜，煙消雲散。

他也動員了公司內部的新聞SBC，以「攝影機出動」的現場突擊方式取材，揭發不良製品。之後，在三星電子的內部，不管是產品的製造或銷售，都已養成重視名譽的風氣。

到二〇〇一年，三星以行動電話單項產品創造了七兆韓圜的銷售額，一兆二，〇〇〇億韓圜的淨利。

在半導體市場低迷的情勢中，三星電子仍能創造高幅收益，其實是因爲行動電話的貢獻。一旦插手的事業，就一定要做到第一才過癮——如果沒有李健熙董事長這樣的執著，說不定早在很久以前，三星就已被行動電話事業淘汰。三星是用第一精神來締造了這個成果。要做就要做第一，不行的話就退出。

閃電般接連的洞察力

李健熙喜歡思考，也喜歡騎馬、高爾夫球、養狗、看電影和紀錄片。秘書室相關人士也表示，最近董事長也喜好收看KBS電視台的特別企劃「撼動世界的人物誌」。

三星相關企業的高層人士，大多讀過李健熙董事長所推薦的《站在懸崖邊的老虎》（*Tiger on the Brink: Jiang Zemin and China's New Elite*）。這本書分析了中國大陸主席江澤民在掌權之前的逆境，以及與周圍政治精英間的關係等等。中國在急速成長的過程中所出現的道德問題，也一併有所議論。

極力強調危機意識的李健熙，認爲三星的命運和未來如何應對中國的策略唇齒相依，因而大力推薦此書。

有時，李健熙也閱讀航空、宇宙科學、生物等專業書籍。一天平均的閱讀量，超過數百頁。

這樣的思考及休閒生活，成爲他訓練洞察力的能量來源。最近李健熙一再強調中國事業的重要性。二○○一年，當他到中國拜訪之後，要求職員「不要再把中國當作廉價產品的製造地看待，而要三星集團未來命脈所繫的策略市場來看待。」

李健熙對於中國市場的注意，可以回溯到很久以前。

一九九七年，三星電子決定在總公司一樓

三星電子　負債比率　（單位：%）

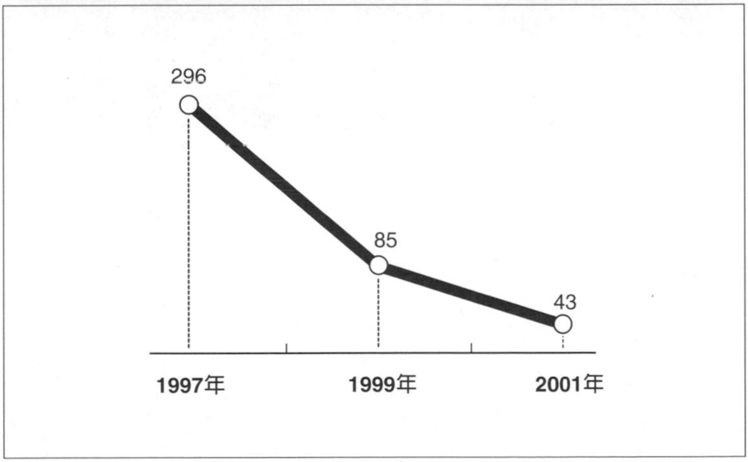

設立尖端電子產品展示會。召開展示會的前一天，李健熙指示一定要展示中國產品。由於事出突然，工作人員感到相當手足無措。

他們急如星火地搜集了各種在中國市場上銷售的電子製品來展示。

李健熙是想讓很多人親眼看看，中國是在如何追趕著韓國。三星的視野，就是這樣開拓的。

過去十年間，李健熙不斷疾呼的口號是「改變吧！丟棄吧！」現在則改口濃縮成一句：「尋找吧！」。

親自擢選人才

爲了把握優秀人才，李健熙有時也直接站出來。身爲最高的經營者，一個觀察整體組織、構思未來策略的人，這麼做是爲了顯示成敗取決於人才。

在他擔任副董事長的任內，曾爲了音響領域的主要人才，打破慣例以當時五倍薪資的待遇到日本挖角。半導體事業發展的初期，他曾以年薪二〇萬美金的待遇，在英特爾等半導體先進企業中找來了五位韓國專業技術人員，也曾直接到矽谷去選才。一九八八年他親自邀來一位日本專家出任集團的電腦顧問，卻發現到了現場遭受排擠的情況，讓他極為心痛。

過去的董事長，執著於血統主義的人事政策，徹底以內部升遷為主，但是李健熙卻認為，只要是優秀人才，就算是離開過三星，仍然歡迎他回來。

李健熙組織理念所表達的用語

對於人和組織的複雜現象，李健熙有許多獨特的用語表現，內含不少的意義。

鯰魚論 就好像放進鯰魚，田裡的泥鰍就會更肥美一樣，適當的刺激和健全的危機意識，能讓組織更加活躍地發展。

胡蘿蔔論 一流的馴馬師，訓練馬的時候只用胡蘿蔔。因此，在作獎懲的時候，一定要用很多的胡蘿蔔。

後腿論 由於個人、集團必勝主義的表態，進而危害到對方或甚至自己，是組織的無恥之徒。不管在任何情形下都無法原諒。

五%論 無論哪個組織，都有向前的五%空間和退後的五%空間，將集團往上拉到向前的五％，就會變成優秀的集團；若是正好相反，那就會淪落到劣等的集團。

單一方向論 如果各往不同的方向划槳，船是無法前進的。整體的力量要往同個方向集中，才能有加倍的成果。

從下開始的改革 如果漠視從下層傳上來的意見，就變成死的組織。有批判的組織，才能產生全新的創意，讓組織充滿活力。

工程師李健熙

李健熙董事長曾就讀於日本早稻田大學的商科、並於美國喬治華盛頓大學專攻管理學。他具備了和工程師一樣的電子產品專業知識。他也比世界任何一位經營者，都還重視科學技

三星電子　當季淨利　（單位：億韓圜）

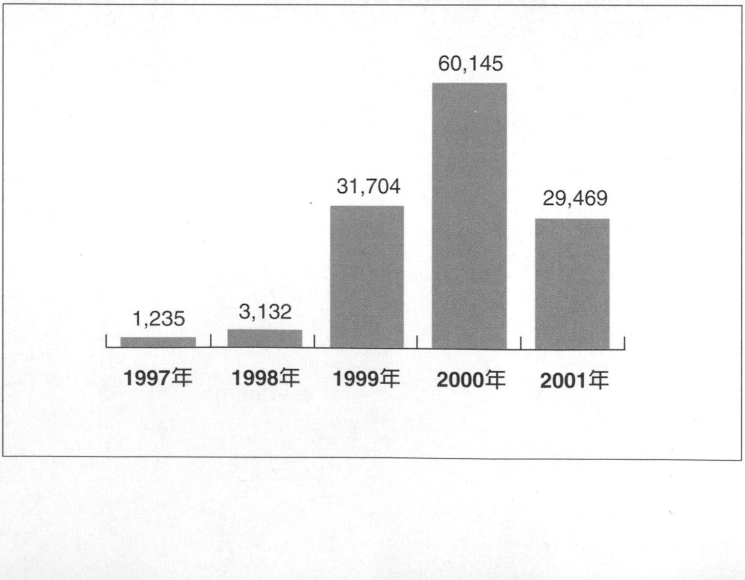

術。尤其是汲取這項知識的過程。

李健熙喜歡直接拆卸電子產品，有疑惑的地方就請教專家，務必將電子技術給徹底弄個明白。追根究柢、仔細鑽研的習慣，對於提昇電子產品的競爭力，有很大的幫助。李健熙常對周圍親近的人說，最高經營者裡，大概沒有人像他那樣買那麼多電子產品來看看。這句話裡也透露了他在電子科技方面的淵博知識。

一九八七年，三星電子面臨記憶體半導體歷史的關鍵性轉捩點時，李健熙在這方面的本領發揮了力量。4MB DRAM 的開發，到底要採 Stack（堆疊式），還是 Trench（溝槽式）的製程，相持不下。兩種技術各有優缺點，但在量產之前，要判斷哪種方式有利，對專家來說也很困難。

李健熙在他的隨筆集中，這麼回憶著當時：

> 「越是複雜的問題，越要簡單地解決。將電路累積堆疊到高層的 Stack 方式，比較簡單。」

最後證明這個決定是正確的。

選擇溝槽式的東芝，因爲在量產的過程中生產線下降，將DRAM領先的地位拱手讓給日立，這是因爲日立 16MB DRAM 和 64MB DRAM 的記憶體是以 Stack 製程方式生產。

一九九三年到美國出差時，也曾發生過這樣的事。

李健熙一到飯店、放下行李之後，就不見了蹤影。原來他是到鄰近的百貨公司，購買日製東芝的錄放影機來拆解。隨行的三星電機企劃組組長李相翊轉述了李健熙的一番話。

「日本產品的零組件數量比三星大概要少二〇％，但售價卻更高。所以我們要好好記住：要減少零組件的數量。」

因而，三星研發出來了「Winner」的錄放影機。

李健熙對產品提供許多點子。聽說電視台播送的畫面有二〇％是觀衆所收看不到的，因而想到研發連隱藏的一吋畫面都可以看到的「Plus One」電視。

看到行動電話的 Send（傳送）和 End（結束）的功能鍵太小，他是主張立即修改。

他的看法是：最常使用到的兩個按鍵，怎麼和其他按鍵都一樣大小？還擺在下方呢？因此行動電話開始出現 Send 鍵和 End 鍵設在最上方的產品，截至目前爲止，這已成爲手機的標準規格。

爲了開發革新性的產品，李健熙主張一定要打破固有觀念。這也就是說：從小開始，在玩具、童話及遊戲中，將科學生活化是相當重要的。

技術之後，李健熙所重視的是設計。

沒有卓越的設計能力，就沒有高超的產品，這是他的想法。李健熙強調，有技術奠基，再加上設計，行銷就成功了一半。

2
第一主義的CEO

三星電子CEO的競爭力，在於不滿足於現狀。

對三星電子的CEO而言，第一主義早已根深柢固。

李健熙董事長選出才能最高的CEO，來實踐第一主義的主張，

接著，他們就是第一主義的司令台。

具開拓精神的最高智囊團

三星電子副董事長尹鍾龍，擁有許多頭銜。

其中，看似最不協調的頭銜是世界電腦遊戲組織委員會共同委員長。這是因爲他對遊戲有興趣，於是才成立了這個大會，但這一點也不像以半導體和行動電話爲主力的三星電子CEO。

他曾毫不猶疑地做了大膽的預測：「未來大約在二〇〇四年的時候，遊戲市場的規模將追上半導體市場。」

已經是接近六十歲的尹鍾龍，對遊戲充滿興趣的理由很簡單。因爲娛樂產業將會是在未來大幅成長的產業。

原本連生命工學一詞都覺得相當生疏的半導體事業部總經理李潤雨，從一九九〇年中開始喜好閱讀生物科技方面的相關書籍。今天別人問他：「生物產業何時開始才可能獲利？」，他馬上會迸出回答：「雖然生物資訊（Bio informatics）的時代很快就會來臨，但醫藥方面還需要比較長的時間。」

三星電子諸位CEO的頭腦裡，眞的不斷在思考「五到十年後，我們要做些什麼」。有位會計公司的高層相關人士，認爲三星電子CEO的競爭力，在於「不滿足於現狀，時時苦惱著未來要做什麼」。

一位諮詢顧問業者的代表表示，「不斷推陳出新，領導者做出正確判斷，是三星電子致勝的關鍵」。

在IMF金融危機之時，外國投資者曾要求三星電子裁減半導體以外的全部事業，尹鍾龍立刻拒絕並表示，「各位是往前看一、兩年的投資者，但我是必須往前看五到十年的經營者」。

在半導體之後，行動電話接著賺入豐厚的利潤，登上金牛事業之列，足以證明尹鍾龍的眼光。

對三星電子的CEO而言，第一主義早已根深柢固。李健熙董事長選出才能最高的CEO，來實踐第一主義的主張，接著，他們就是第一主義的司令台。

情報通訊事業部的總經理李基泰，爲了測試新開發產品的堅固性，往往不是把手機向天上扔，就是丟到鐵板上，用他那九〇公斤的體重去踩。從一．五公尺高處摔下，是國際測試的標準，而他們要求的是更高的品質。

即使是同樣的產品，也會一直追求更高級、更昂貴的水準。今天主力的DRAM已不是泛用產品，而是Rambus和DDR等高速產品。

行動電話也不走中低價位的普及市場，而以高價位市場爲方向。在美國熱賣，兼具PDA功能的Smart Phone，就是這方面努力的結果。

儘管二〇〇一年全球IT市場面臨不景氣，唯獨三星電子仍能以藍字坐收，正是因爲他們選擇了高附加價值的產品。

品質方面的優勢與自信，也表現在其他方面。二〇〇二年初，數位媒體事業部總經理陳大濟在美國拉斯維加斯所舉辦的世界家電展示會（CES2002）中，可以發表

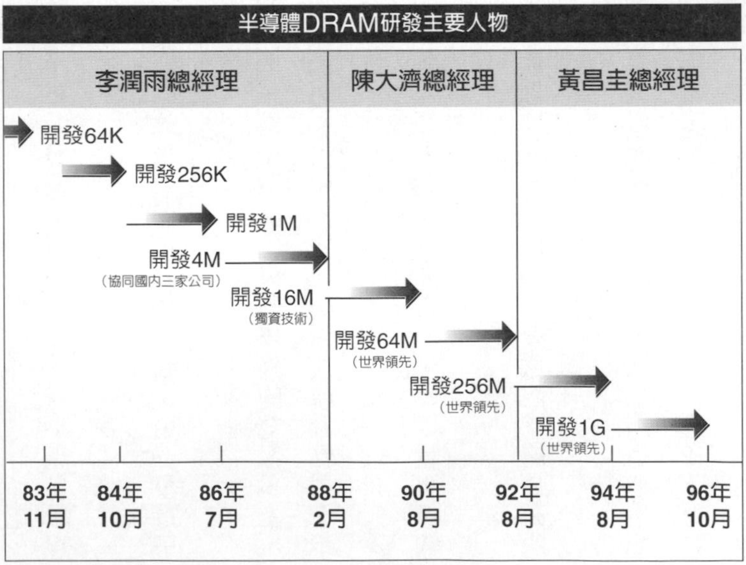

演說，表示自願擔任主辦單位，也是基於十足的信心。

尹鍾龍在二〇〇二年二月二十八日的定期股東大會當中，可以對反對變更公司章程的外國股東不假辭色，形容他們是「一時想利用公司的股東」，也是同樣的道理。第一主義的CEO們，學習慾相當旺盛。據說，三星電子的CEO有次邀請一位外部專家一道午餐兼請教。

結果另外還多出現了兩名職員。一當CEO開始談話，他們就開始拿出隨身筆記紀錄。

爲了不漏掉對話的任何內容，所以有兩名隨行人員。午餐結束大概兩小時之後，那位專家收到一封電郵，裡面是整理好的對話內容，三星方面是希望他「確認是否有所疏誤」。

「和其他三星電子幹部見面時也一樣。只要一有任何新的談話，隨時都聽得到掏出筆記本的聲音。」

一九九二年左右，當時三星電管（今三星SDI）所做的LCD事業，開始轉到三星電子。

那時還沒有有多少人明白，LCD也是和半導體一樣的基礎技術。某位半導體事業部的職員，對於要他負責LCD事業面有難色，李潤雨總經理一看到，馬上給他一堆相關書籍，說「讀了這些書就會有自信了」。

那位職員瀏覽這些書籍之後，果眞產生了自信心。像這樣透過學習、研究，徹底準備事業的企業文化業已扎根。

一年舉辦一兩次的交流會，和新力、東芝等經營團隊共同討論，也是爲了努力向一流企業學習的一個環節。三星電子的CEO們一有問題，馬上就搭飛機到海外尋找專家。在公司內部，即使精減各種費用，但絕不會吝惜向專家請教的諮詢費用。

確立責任經營的公司，就是三星電子。企業各部門的代表，決定屬於自己該負責的所有事務。

就連二〇〇二年二月底，七，〇〇〇多億韓圜的LCD設備投資，也是由李相浣LCD部門的總經理直接做主決定。雖然在總經理團和相關職員出席的經營委員會中，各主管會全程共同討論資金事項和投資優先順序，但所有事務最後還是根據李總經理的權責和判斷。至於最後的成果，則是屬於LCD事業部的全體職員。

一九九八年末，曾經是李健熙董事長個人資金收購的半導體事業起點——富川廠房，出售給快捷半導體（Fairchild）公司，就是三星電子經營團隊自己所做的判斷。

那個廠房不但留有李健熙董事長點點滴滴的經營痕跡，營收情況也很好，是運作得很不錯的工廠，所以要不是各團隊自主經營的話，是不可能發生這種事的。當時，即使是人力組織部門的意見，對經營團隊的影響也都比李健熙大一些。

一位三星的相關高層人士表示，「有會說NO的CEO，是三星最大的競爭力。」但是，如果相形於世界一流的企業，三星電子的CEO們還有努力的空間，這也是不爭的事實。

一位專家就指出，三星電子雖然在韓國領先，但是在汲取先進知識，和國際CEO交流的層面上，與海外一流企業的幹部群仍然有所差距。

CEO是哪些人

三星電子的CEO們，都是在各自領域中的先驅者。以一九九七年開始接掌三星電子的尹鍾龍副董事長爲首，大部分是專攻理工，曾擔任生產、研究、開發的工程師CEO。

工程師CEO的全盛時代，是在一九八七年李健熙董事長上任後，正式到來。結構調整本部的副總經理李淳東解釋，由於李董事長宣示了「應該由了解技術發展方向的人擔任電子CEO」，因而三星電子的總經理由管理部門出身的總經理替換為姜晉求總經理。

尹鍾龍副董事長，則是一九八一年將VCR事業推向世界頂尖之列的主要人物。當時三星的AV（Audio, Video）事業原本和世界水準相差一截，尹鍾龍硬是使得更上層樓。

有人說，尹鍾龍是個就連閉上眼睛，都能畫出VTR電路圖的人。

確定了數位聚合的信念以後，三星優先致力於連結半導體、LCD、行動電話等，使其成為家庭網路等。

李潤雨半導體事物部總經理從三星半導體事業初期興建工廠開始，逐一歷經生產、研究等相關事業，最終成為韓國國內精通半導體技術的第一人。在他部屬的眼裡，他是個「對半導體相關細節暸若指掌的地步，往往連實際工作的人都會嚇一跳。」擔任韓國半導體產業協會會長的李潤雨，可以說是代表韓國半導體產業的一個人。

二〇〇二年一月八日，在美國拉斯維加斯所召開的世界最大家電展示會「CES2002」中，數位媒體事業部總經理陳大濟發表開幕演說，首開東方人之先例。

美國家電協會（CEA）會長蓋利．夏彼洛稱讚道：「以前他是半導體博士，如今則是『數位博士』。」陳大濟以美國史丹佛大學電子工學博士的身分，成爲研發16MB DRAM和64MB DRAM的主角。

曾在IBM和HP擔任研究工作而深受矚目的陳總經理，是祕書室人事組在一九八五年推薦給當時的李秉喆董事長和李健熙副董事長。

記憶體總經理黃昌圭，也是在李健熙董事長人力延攬計劃中網羅進來的人才。麻州州立大學博士，在英特爾工作時就引起三星人事組的矚目。一九八九年進入三星後，主導256MB DRAM的研發。之後，以1GB DRAM開發，和十二吋晶圓量產等，改寫世界紀錄。

System LSI（非記憶體）事業部總經理林亨圭，是工業材料博士，也是三星內部培育成功的人才。曾任記憶體部門的總經理，最近則接獲指示將培訓下一波非記憶體的主力。

行動電話「Anycall神話」的主角——情報通訊事業部總經理李基泰，在工廠管理與營運上的表現卓越，深獲好評。他以做事謹慎、貫徹到底的性格，將易利信擺脫在後，確實完成攻佔行動電話業界第三名的任務。

進入公司之後，只在半導體部門工作的LCD總經理李相沅，研發出在技術上被認爲不可能的四〇吋LCD，人們期待他之後會有更傑出的表現。

經營支援事業部總經理崔道錫、家電事業部總經理韓龍外，以及國內營業擔當總經理李相鉉，則是少數非工程出身的人才。

雖然崔總經理的外表不太像是CFO（財務長，Chief Financial Officer），卻是負責經營流程革新、管理、人事的主要人物。在結構調整等業務上，與結構調整本部互相配合。

原來在集團祕書室的韓龍外總經理，負責改善基本營運狀況惡化的家電部門。他爲這項艱難任務所造就的成果，卻讓創造利潤不易的電子業刮目相看。

專攻經營學的國內營業擔當總經理李相鉉，是在韓國銀行工作時，被三星電子選中的例子。他們是透過相互的協調與競爭，扶植三星電子的發展。

三星電子的CEO們，是最好的人才，所以也受到最好的待遇。以股東總會所報告的二〇〇一年理事登記總薪資來推斷，公司內登記七位理事中，平均每一位的薪酬爲三六億七，〇〇〇萬韓圜。

已知尹鍾龍的薪資在五〇億韓圜以上。三星電子決定將二〇〇二年職員的薪資限額調整到五〇〇億韓圜，這比二〇〇一年的四〇〇億韓圜還要增加二五%。但是依據成績與評價，CEO之間的薪資也有極大的出入。

三星電子的CEO們，一般都有一〇到二〇萬股的股票選擇權。以股價從十九萬韓圜到二十七萬韓圜不等來看，平價差異也有達數十億韓圜以上的情形。而能爲公司賺進最高利潤的人才，不要吝於給他實質報酬的鼓勵，則是李建熙董事長明白指出的原則。

3
結構調整本部
作戰指揮中心

若沒有經過結構的調整，
三星電子是不可能渡過一九九〇年中期半導體的不景氣風暴，
成長爲每年淨利以兆爲單位計的一流企業。
在金融危機之後，結構本部主導組織調整，
也爲以電子爲首的子公司，
打穩了在任何條件都能獲取利益的基礎。

三星經營系統的關鍵詞

一九九六年，半導體幾乎有半年的時間處於低迷的景氣。三星電子也受到波及。月收支轉爲赤字，這在那之前一年是無法想像的。作爲三星集團根基企業的三星電子，赤字結果也造成集團整體極大的衝擊。

總覺得不太可能發生的事，卻就這麼出現在眼前……

那時，把三星電子從危機中拯救出來的，就是以李鶴洙本部長爲代表的集團結構調整本部（以下簡稱結構本部）。現在三星電子的根基穩如泰山，最高經營團隊固然居功厥偉，但結構本部的重要性也不容抹滅。

由秘書室蛻變而成的組織本部，一方面要承受政府「解散船隊式經營」的壓力，一方又要面對職員「爲什麼是我要離開公司」的抱怨，強硬地進行結構調整，是三星電子今天能夠躋身世界一流企業的幕後功臣。

三星經營的三角編制

三星電子的競爭力，以李健熙董事長所提出的經營方向與策略作爲頂點，加上盡力協助董事長及三星電子經營團隊作經營判斷的結構本部，以及實際指揮經營的電子經營團隊作爲兩軸，組成了「三角（Triangle）組織」。

李董事長提示的重大策略方向有：進軍半導體事業，三星電子與三星半導體通訊的整合（一九八八年），以及培育世界頂尖產品等等。

結構本部與三星經濟研究所這個扮演智庫的集團共同努力，則擔負了規劃整體地圖（未來策略）的「嚮導」（path finder）角色。在經營環境急劇變化時，他們還扮演「早期警報機」角色，同時，也擔任負責督導關係企業的「管制小組」角色。

至於電子經營團隊，則參考結構本部的建議，實際執行經營策略與戰術。

弘益大學教授金鍾奭說道，「三星電子三角編制式的經營可以減少風險，這是他們競爭力提昇的重要原因」。

結構調整司令台

若沒有經過結構的調整，三星電子是不可能渡過一九九〇年中期半導體的不景氣風暴，成長爲每年淨利以兆爲單位計的一流企業。

在金融危機之後，結構本部主導組織調整，也爲以電子爲首的子公司，打穩了在任何條件都能獲取利益的基礎。

李本部長在二〇〇〇年底的記者會上，說道：「結構調整的結果，是我們擁有全體子公司合起來，經常可以創造五兆韓圜以上淨利的自信心了。」

雖然結構調整的細部計劃和方法，是由三星電子擬定，但基本方向則是由結構本部提出。

一九九八下半年金融危機之後，三星電子又再次籠罩在縮減人力的陰霾。

雖然已堅決執行過一次人力縮減，並且裁撤不穩定的事業，但結構本部判斷危機將會長期持續下去，因而極力強調應該將公司體制更加精簡。

雖然，站在電子經營團隊的立場，一年兩次的縮編很不簡單，但在李董事長的認可下，結構本部推動了最強硬的結構調整。

三星電子大規模地裁撤、出售公司，結果四萬七千名的人力，縮編爲三萬八千餘名。

精簡結構之後，配合行動電話和半導體營業互助合作，三星電子有了創造每年豐厚淨利的原動力。李本部長和結構本部財務組的金組長等主導了結構調整。

組織本部李淳東副總經理（兼公關組長）說明，「自從李董事長於一九九三年引

出自三星結構調整本部的重要CEO

公司名稱	職位	姓名	年齡
三星電子	總經理	李相鉉	53
三星SDI	〃	李淳澤	53
三星corning	〃	宋容魯	57
三星重工業	〃	金澄完	56
三星綜合化學	〃	高洪桓	55
三星生命	〃	柳錫烈	52
三星證券	〃	黃永基	50
三星物產	〃	裴鍾烈	59
第一紡織	〃	安福鉉	53
第一企劃	〃	裴東萬	58
三星Engineering	〃	梁寅模	62
S1 Corporation	〃	李又熙	55

＊2002年6月

進新的經營理念之後，職員便將『改變才能存活』的觀念深植在腦中，這種觀念上的變化是結構調整得以成功的重要原因」。

建立體系

三星電子的協力廠商S公司的K總經理說，「和三星做生意，類似賄賂或回扣等舞弊事件，就連在夢裡都很難發生」。這意味著三星的經營是如何地透明化。

雖然難免也會有若干指責之處，但三星電子至今依然沒有成立工會。「非工會經營」是他們長久以來的傳統。不少大企業因爲職員的不法歪風，或是工會運作的問題而傷透腦筋，三星恰恰與此形成強烈對比。這是由結構本部建立，廣傳到各子公司的制度化精神。

結構本部的監察人員，嚴厲之極，衆所皆知。經營診斷組爲了找出相關企業接受回贈的不法歪風，必要的時候，甚至不惜以幾個月的時間，遠赴海外去尋根究柢。涉及不法之事實一旦被揭發，當事人當日就必須立即辭職。如此的體制，提昇了三星電子經營的透明度。

因爲不法歪風勢將造成價格提高，因而導致無法提供顧客最高品質的產品與服務，所以將如此的觀念根植到各關係企業是勢在必行。

經營診斷組透過以業務過程爲主的鑑定，將焦點著重於關係企業問題發生前的預防。

勞資問題也一樣。應得報酬的年薪制，經營成果到達一定水準之上的生產性激勵金（PI），比預定經營目標獲利更多時，分配其獲利的利益分配制（PS），以優秀經營人才爲對象的股票選擇制等，大部分成爲三星結構本部財務組的主軸，幾乎都是韓國國內最先引進，有助於穩定勞工關係的制度。

人事組根據各子公司專門業務，客觀地評定獎勵。地緣、血緣關係完全站不住腳，這也是他們的功勞。對CEO的評鑑，則是根據收益、經濟性附加價值（EVA），和股價上升率等實績表現的體系化。

正因如此，坊間有這樣的評語，「當三星的CEO，要不只有兩把刷子」。

策略性的經營支援

行動電話為三星電子賺滿荷包，一躍成為「金牛事業」（Cash Cow），也是有看不到的結構本部作後盾。

一九九六年獲選為國際奧林匹克委員會（IOC）委員之一的李健熙，藉由奧運提出了加強品牌認知的想法。三星的電子產品，即使在品質上和日本產品不相上下，也無法躍入「世界一流」（World Best）之列，於是才設想利用奧運來擺脫廉價產品的印象。

在結構本部公關組的諸多努力下，三星電子終於成功地在一九九八年日本長野冬季奧運躋入正式贊助的十一家廠商之列。從此，三星獲得一流品牌認定的契機逐漸衍生。之後，雪梨（二〇〇〇年夏季）、鹽湖城（二〇〇二年冬季）的奧運中，三星電子也參與了正式的贊助廠商，品牌印象逐漸提昇。美國經濟雜誌《商業周刊》評論指出，三星電子的品牌價值，從一九九九年世界第七十五的排名，竄升至到二〇〇二年的第四十二名（六十四億美元）。

結構本部並提出建議，每週三的總經理團座談會，以及每月兩次的集團結構調整委員會，包括三星電子在內的各子公司均應出席。

當一九九一年三星電子和三星電管（三星SDI）正為TFT-LCD（薄膜電晶體液晶顯示器）事業該在何地發展爭論不休之時，出面整頓疏通的也是結構本部。

結構本部調整也干預子公司之間的事業領域，以防止重複投資，並提高共同合作的效果。

「結構本部」的核心智囊

結構本部扮演著三星經營司令台的角色。即使是主要子公司的總經理們，二十位裡頭只有一位進得了結構調整本部。這說明了一個事實，結構本部只挑選有能力的人才，培養並重用他們。

結構本部和子公司的總經理們，在彼此相互牽引與制衡當中，提昇了三星的競爭力。

李鶴洙本部長（總經理）是結構調整本部的核心人物。比任何人都還了解李健熙董事長心意的他，有「李董事長的影子」之稱。他曾任三星火災代表理事，一九九七年起擔任結構調整本部本部長，在集團最艱辛的時期，成功地調整了三星的結構，讓以三星電子為首的子公司經營能穩住腳步。舉凡改善子公司的財務結構、處理三星汽車等不健全的企業、引進世界標準等，全由他一手包辦。這與過去扮演參謀角色的秘書室主任們完全不同，李鶴洙近似於CEO。

一位結構本部的相關人士表示，他的行事風格，不是只列出許多應對方案向董事長報告，而是綜合組長和子公司總經理的意見之後，提出方案以供裁決。因此，他可以指揮、也可以實質地負責結構調整。整頓三星汽車事業之時，更見李鶴洙的眞才實學。

據三星方面表示，李健熙之所以在強烈的反對意見下讓步，決定把三星汽車提出法定管理申請，以及把自己個人擁有的三星生命股份捐回公司（編註：韓國企業主在經營不善時，會把自己名下的一些財產捐給公司，可視為某種贖罪。），這些決策其實都是根據他的建議。據傳，和大宇進行重大合作談判的時候，把原來集團裡決定要接收雙龍汽車的決策推翻，一百八十度大轉彎的，也是李鶴洙的原因。

李鶴洙的「右手」——財務組長金仁宙，洞察集團各子公司的經營現況，也深具影響力。三星自家人對於他能俐落地處理內部持股等複雜問題，給予很高的評價。他在三星的公司裡，從晉升為經理之後，幾乎是以每年提升一階的最快速度，一路晉升起來。在三星的關係企業第一紡織管理部任職時，與三星電子經營支援事業部總經理崔道錫、三星Capital總經理諸振動，一起跟隨李鶴洙本部長學習管理，均屬於延續集團財務傳統的主軸線。

副總經理李淳東（公關組組長），曾任新聞記者、電子公關組長、結構調整本部公關擔當理事等。和新聞媒體維持不錯的關係，是能快速又正確地判斷情況的宣傳人。

朴根熙專務（經營診斷組組長），總管集團監查已達五年，因其能冷靜並果斷處理業務的優點而入選。

魯寅植專務（人事組組長），以人事的專長，爲確保海外優秀人力而努力。

此外，還有金準商務（秘書組組長）、張忠基專務（企劃組組長）、金勇潡專務（法務組組長）等，共同輔佐李鶴洙本部長。

在主要的子公司當中，也有結構本部派出去的經營佈陣。

曾經擔任公關組組長的裴東萬總經理，和另一位裴鍾烈總經理，分別在第一企劃和三星物產各自擔負經營的責任。三星ＳＤＩ的金淳澤總經理和三星創投總經理李在桓，則曾出任過企劃組組長。Ｓ１總經理李又熙曾於人事組，三星重工業總經理金澄完於經營診斷組工作過。

中國總公司副董事長李亨道、三星corning總經理宋容魯、第一紡織總經理安福鉉、三星engineering總經理梁仁模、三星電子總經理李相鉉、三星綜合化學總經理高洪植、三星石油化學總經理崔成來、三星BP化學總經理金賢坤、三星生命總經理柳錫烈、三星card總經理李庚雨、三星證劵總經理黃永基、日本三星總經理鄭峻明等，也都具有任職結構本部的經歷。

4

除了妻子，一切換新

改變才能存活的理念

某個委員提出他的想法：

「不如以整體減薪三〇%來取代裁員」。然而，尹總經理表示：

「因為三〇%的人的緣故，有可能讓一〇〇%的人丟掉工作」，

強調既然要調整結構，就只能採取比截至目前為止

所做過的要更加果決而神速的辦法。

唯有「選擇和集中」的活路

副總經理李淳東（結構調整本部公關組組長）說過這麼一段話，「三星電子能與先進企業並駕齊驅，創造以兆爲單位的營收，其實是在渡過IMF管理體制關卡同時，果斷決行結構調整的結果。站在或生或死的歧路上，抱著『死即是生』的覺悟，唯一可行的抉擇就是調整結構。我們決定以高收益價值的產品來改變陣容，執行大規模的分公司及業種出售。創業二十五年，卻以全新開始的決心來做。要是沒有當時的結構調整，三星電子現在也只不過是衆多電子公司當中的一名。」

三星電子自一九九九年開始，以三年期間創造十二兆韓圜的收益，得與先進企業並駕齊驅，這因爲是在IMF體制下堅決執行結構調整的結果。

三星的「三角編制」，包括了：從很早開始就提倡邁向超一流企業「新經營」的李健熙董事長、集危機管理與策略經營的煉金術士於一堂的結構調整本部，以及由各領域最高專家所組成的經營團隊等——這編制的威力展現，也正是三星結構調整代表性的成功案例。

雖然ＩＭＦ體制讓三星電子陷入風中殘燭般的危機，卻也讓新經營理念有個嶄露頭角的機會。

爲求生存而調整結構

一九九八年七月底的某個午後，漢城獎忠洞的新羅飯店內，出現了成排的黑色轎車，氣氛開始有些緊張。

以當時的總經理尹鍾龍爲首，總經理李潤雨、副總經理陳大濟等總經理團，與總公司各部門主管等三〇餘名三星電子首腦級的人物，面帶嚴肅表情，陸續下車。

那天會議的名稱是「生存對策會議」。

尹總經理開門見山地說，不健全的海外部門越來越擴大，部分事業的赤字大增，僅在七月份的一個月內，赤字就高達一，七〇〇億韓圜，這可不是危言聳聽。

由於赤字幅度絲毫沒有減緩的跡象。如果找不到任何足以徹底解決問題的生存方案，三星就只能受擺佈於隨時可能要倒下的愁雲慘霧當中。雖然漢城太平路三星總公司二十五樓的職員會議室空間也很足夠，但爲了避開內外視線，才選定新羅飯店作爲會議場所。

出售資產、裁員、事業結構調整，哪件事該優先處理，裁員該裁多少等，所有的方案都拿出來討論，雖然討論一度陷入僵局，但最後的這個結論是無可避免的——裁員百分之三十。

某個委員提出他的想法「不如以整體減薪三〇%來取代裁員」。然而，尹總經理表示「因爲三〇%的人的緣故，有可能讓一〇〇%的人丟掉工作」，強調既然要調整結構，就只能採取比截至目前爲止所做過的要更加果決而神速的辦法。

從那一刻起，會議出席者也全都是結構調整的對象。

當天，出席者全體成員以提出辭呈結

三星電子主要指標

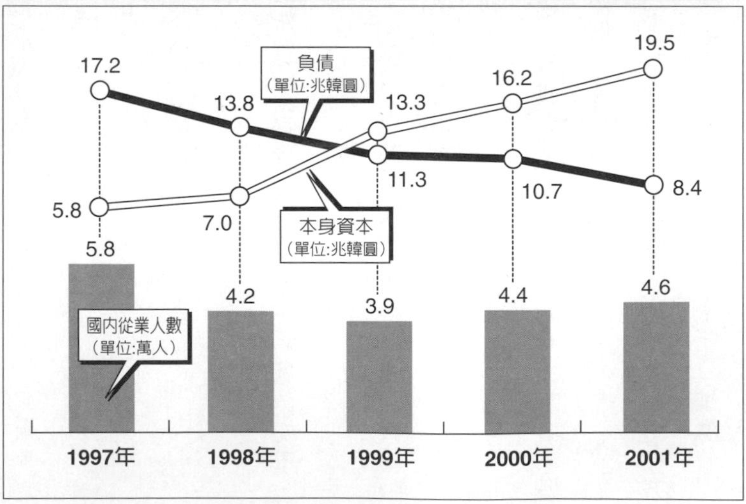

束會議。當時負責結構調整總策劃的經營革新組組長金寅洙，面色凝重地匆匆返回辦公室，開始準備第二次結構調整的文件資料。

一九九八年八月，追加的結構調整計劃制定之後，在水原事業所內的體育館，由三星電子總經理尹鍾龍召開「與職員的對話」。除了半導體生產線等持續運作的部門以外，全體職員直接參加，或是在全國各地的事業廳中，同步守候著觀看現場直播。

面對眼裡流露不安與緊張、自信潰散的職員們，尹總經理詳盡仔細地說明公司的現況，呼籲大家要忍受痛苦。但是，當中還是有不少的職員，預估未來的結構調整風暴將愈演愈烈。

站在這個生死存亡的轉捩點，發動結構調整的是李健熙董事長。

一九九八年三月二十二日，李董事長在集團創立六十週年紀念的發表談話當中，語重心長地表示，「我們現在面臨了創業以來最大的危機，甚至無法確信是否可以繼續生存下去。為了克服危機，甚至不惜將生命、財產，甚至於名譽孤注一擲。」，當然在這樣的壓抑氣氛下，原本計劃盛大舉辦的六十週年紀念慶祝活動也決定臨時取消。

變身成爲尖端產品的製造商

即使是藍字事業，如果沒有持續的成長，最終也會變成整頓的對象。因此得先確立重新改編結構的原則，果斷地退出有侷限性的事業，或是非主力事業，專攻半導體和行動電話等高收益的事業。

富川工廠的電力用半導體事業，在一九九八一整年當中，雖然以四，〇〇〇億韓圜的銷售額創造約一，〇〇〇億韓圜的利潤，最後還是難逃轉賣給快捷半導體公司的命運。這家工廠還是李董事長當初投入個人資金，而且又是三星半導體事業起家的工廠。李董事長表示，「考慮對公司有利的處理式，就是結構調整」，強調「不要顧及我的感受」，而要求徹底將事業重新改組。

歷經這樣的過程，在一九九七年到一九九八年間，先後整頓了小規模的家電產品、無線呼叫器事業等三十四種事業，以及五十二個品目。

音響事業完全轉移到中國的惠州工廠，吸塵器等小型家電製造部門則轉入三星光州電子。

這同時也解決了客服和物流部門等四十二個低附加價值的事業。諸如韓國HP持股四十五%全部賣給HP等，把各種資產也進行出售。海外部門方面，也整頓了十二個大型的慢性赤字分公司，減少四〇%的人力等，進一步加強整頓的力道。

從一九九七到一九九九年年底爲止，庫存從四兆一，〇〇〇億韓圜縮減到二兆一，〇〇〇億韓圜，債券則從四兆六，〇〇〇億韓圜縮減到三兆一，〇〇〇億韓圜。

一九九六年年底，包括海內外曾高達八萬五，〇〇〇名的人力，在一九九九年年底，減少到五萬四，〇〇〇名。三個人當中就有一個離開公司。

尹鍾龍總經理不只是因爲過度壓力而健康狀況變差，甚至感受到個人安全受到威脅。

「李董事長透過結構調整，在以家電爲重心的公司中，刻劃出先進型電子企業的新面貌」結構本部某位高層相關人士表示，「我們之所以和最近各國陷入苦戰的家電業者有所差別，就是從這時慢慢創造出來的機會。」

「新經營」的成果

自從IMF經濟管理體制引進以後才開始的三星結構調整，其實並非一帆風順的進行。

成爲結構調整對象的事業部職員們，往往會如此反彈：「不是我們事業部在苦苦支持，半導體或是其他事業能撐到今天嗎？今天卻要來整頓我們？」

但是，他們的反彈馬上消退下來。

李董事長從一九九三年開始，就主張「新經營」理念，預告「除了自己的老婆以外，全都要更新！」相對地，對於結構調整也很容易有同感。

三星某位相關人士表示「改變才能存活的新經營理念，逐漸擴散，這與其他企業完全不同」，「原本因爲社會環境而不能實踐的任務，因爲IMF的契機而得以付諸實現」。

爲了準備根本的革新方案，結構本部對子公司全體企業一一進行大搜身，找出其間所隱藏的不實，以及無收益資產等各種問題點。

透過子公司總經理級會議，公開調查結果，以說服根本的變化是無可避免的。

結構本部的核心人物追根究柢地表示，「如果不能救活公司的話，也只好就此放棄。連死亡也覺悟的話，又有什麼是做不到的呢？」隨著子公司所浮現出的種種不健全，主其事的總經理們就不能再有絲毫的猶豫不定。

雖然三星提出了一般性結構調整的標準，如子企業的費用及組織減少三〇％、負債比率達成二〇〇％等，但要求方案達更高水準的情形也比比皆是。

現在三星電子已具備隨時可以結構調整的機制。在二〇〇一年分出MP3等事業之後，接著，在二〇〇二年也賣掉工廠自動化控制機器事業。

結構本部某位相關人士強調，「所謂的結構調整，不是在困難的時候，一次清理解決的一回性提案，而是具備著隨著可以因應外部條件的常態系統。」

「種子、苗木、果樹」論

爲了因應一九九七年三月事業結構重新改編各個事業，三星電子籌備了四種策略。五到十年後可以開花結果的下一代事業，被歸類爲「種子」事業——是從現在起就應該果敢地投資技術、錢、人力，找到其種子，並打穩基礎的事業。

所謂「苗木」事業，是現階段雖然不能創造大幅利潤，將來卻可以成爲果樹的事業——就應該比其他事業，更加強產品技術開發的能力、行銷能力，以優先掌握住市場。而所謂「果樹」事業，就是目前引領公司成長的事業。應該要強化既有的優勢，以成爲不動如山的一流事業爲目標。

至於成長早已停滯、很難再期待結果、需要果斷整頓的事業，則被歸類於「枯木」事業。

三星電子目前所選定的種子事業有：行動通訊系統、NetWorking網路設備、非記憶體事業等。苗木事業包括數位電視、PDA、TFT-LCD等。果樹事業則選定爲大型彩色電視、顯示器、筆記型電腦、行動電話、記憶體等。

5

每年五百億韓幣的人才教育

韓國最大的「人力庫」。

全體四萬八，○○○名職員當中，

除了生產機能職位（二萬五，○○○名）之外，

二萬三，○○○名，共二十五％擁有博、碩士學位。

另外，還逐年以百爲單位持續增加當中。

規模超越漢城大學，成爲韓國最大的「人力庫」。

韓國最大的人力庫

三星電子擁有五，五〇〇名博、碩士人力。其中，博士級就佔了一，五〇〇名。二〇〇一年新進的一四九名人員當中，擁有碩士以上學位的有六十一名，約佔四〇％。其中二十八名擁有喬治亞大、哈佛等海外名校的學位，更幾乎佔了一半的比例。

全體四萬八，〇〇〇名職員當中，除了生產機能職位（二萬五，〇〇〇名）之外，二萬三，〇〇〇名，共二十五％擁有博、碩士學位。另外，還逐年以百爲單位持續增加當中。規模超越漢城大學，成爲韓國最大的「人力庫」。

一個天才可以養活一萬個人

三星電子人事組將核心職員歸納成S（Super）級和H（High potential，高潛能）級，分別管理。這是左右三星電子的核心智囊團。S級的職員只有四〇〇名，他們的年薪比同職級的職員要高出三倍。

爲了維持高級人力，海外聘用組也轉向歐美，物色新的對象。SOC（System on chip，系統單晶片）研究所所長吳榮煥出自德州儀器（TI）CTO，或是數位解決中心（Digital Solution Center）執行長全明杓出自於朗訊科技（Lucent Technologies）副總經理，就是代表性的例子。

Mechatronics Center中心執行長宋志午，曾在美國United Technologies（UT）公司總管飛機引擎事業，也具備了在GM十年的工作經歷。

人力培訓方面也不吝惜於投資。三星電子將技術分爲基礎、尖端、核心、未來四種，爲了配合各個階段，而實施各種人力培訓課程。每年還投入二〇〇多名的人力到海外研究所，參加相關的教育課程，以利於將先進技術運用到商業上。

尖端技術研究所所長安秉吉強調，「五到十年後，三星電子賴以存活的土壤，就是未來技術」。

從駭客到新春文藝

當一九九九年吹起一股創投事業風潮時，三星電子光是由他們經營的軟體俱樂部發掘人才，就花費了二億韓圜。

他們不是大學正規課程所培育出的人才。而是在龍山電子商場等地，以組裝電腦、寫程式等爲副業，在「夜間作戰」族群中，累積盛名的駭客或程式專家。

爲了確保多樣化的人力庫，三星電子需要各種成員的集團運作。集團當中，當然不只有三星電子的職員，也包括其他專家們。軟體集團以外，還有設計成員、人類技術（Human Teck）集團等。

從駭客或專業電玩高手，到一些高考通過者、報社新春文藝新秀，都是三星人事組架好天線，準備網羅管理的對象。人才開發研究所協理安成準說道：「他們的創意和想法，是一個個已習慣於正規教育課程、規格化的『車輪餅』，所望塵莫及的。」

三星電子　技術教育體系

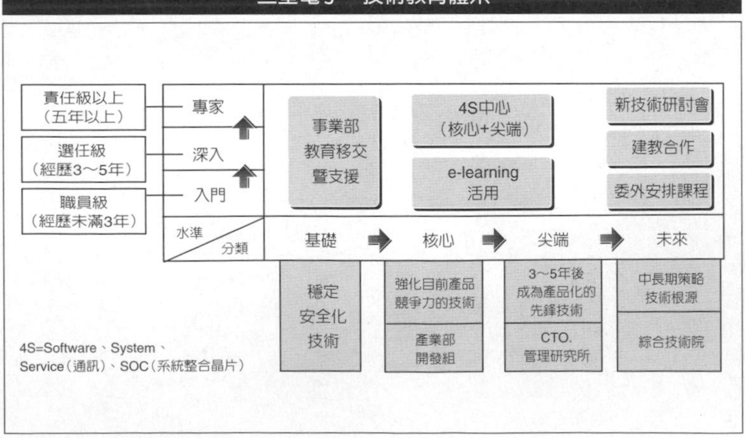

事實上，三星的設計俱樂部在一九九九年美國IDEA設計公開展中，獲得銀牌及銅牌，在德國 IF Awards和大阪公開展等世界三大設計展當中，也有二十三個產品入選得獎。

技術與事業策略並存

位於京畿道水原市，佔地七，二〇〇坪的電子尖端技術研究所（以下簡稱尖技所），是從新進職員到總經理，學習最新技術動向的再教育機關。

三星電子只爲了R&D技術的教育而設立研習機關，在韓國國內是絕無僅有的。

一九九九年，和李健熙董事長發表第二創業宣言的同時一起創立的尖技所，其主要目的是要配合公司長期策略，執行教育訓練課程。

約有四〇〇頁的電子入門課程教材《行銷主導、市場取向企業的解決對策》（Solution for MDC），就是以新進職員爲對象。

MDC（行銷主導、市場取向）是三星電子的企業目標。自二〇〇一年設立以來，單教育課程就有九十七種、單一年度的教育職員更高達三，〇〇〇位。三星電子確定的軟體專業人力總共有五，三〇〇名。集團整體超過一萬三，〇〇〇名，爲總人力的百分之十二。三星更計劃到二〇〇五年爲止，要增加到二萬名。三星電子朝著內容、軟體化目標前進的未來策略，也反映在教育課程中。

建教合作

三星電子的建教合作課程，已經發展到和韓國國內知名大學，共同開設博、碩士班課程階段的地步了。

建教合作課程，就如同其所號稱的「一＋一，二＋二」。

三星電子和延世大學（數位化）、高麗大學（通訊）、成均館大學（半導體）、漢陽大學（軟體）、慶北大學（電子工學）等，共同合作碩士學位課程，也就是在研究所讀一年之後，剩下的一年到三星實際從事相關業務，這就是所謂的一＋一。

二＋二是博士課程。各大學與三星電子共同開發課程，每個課程的智慧財產權由雙方共同擁有。到二〇〇一年末爲止，研修此課程而成爲三星職員的人才共有一四九位。二〇〇二年新登記的則有九十五位。

離職後、再就業的一貫管理

位於漢城太平路，三星電子總公司的地下一樓，有個其他企業所沒有的單位叫做CDC（生涯規劃中心，Career Development Center）。一如其名，這個中心主要是負責職員們的生涯管理，離職職員的再次就業，也是在此完成。這和其他企業都是委託外部公司來做這些事，形成強烈對比。

每年，大約有四〇〇名離職職員，會透過CDC找到新工作。CDC是在二〇〇一年，依李健熙董事長指示所建立。換句話說，從進入公司到離開公司，都是人事組應該要管理的事。

爲了徹底執行維持優秀人力的組織管理系統。人事組的主要業務當中，有一項就是全體事業部門的職務分析。這是爲了以高附加價值業務爲主，重新編組結構。一個人的附加價值，被認爲是職務費用發生的主因。像總務等附加價值低的業務，都是透過委外（outsourcing）的方式解決。

爲了提高個人的生產效能，三星電子投資於再教育的課程，每年就花費五〇〇億韓圜。每人平均超過一〇〇萬韓圜。

6

二十五%到六十%的基本職薪

以能力與實績作爲評判標準。

基本職薪佔年薪比重不超過六〇%。

其餘的當然也是根據實績而定。

這是賞罰分明與成果補償主義。

有幾分能力，給幾分對待，

做多少事，給多少報償，

這個原則是三星電子具備世界競爭力，

背後的主因之一。

有幾分能力，給幾分對待；做多少事，給多少報償

三星集團子公司CEO所獲得的年薪當中，職薪的基本支給比重只有二十五％。其餘的七十五％是股票上漲率和收益性指標EVA，依據預定目標的實績達成率等，每年有不同的決定。

連R&D、行銷等企業，長期的競爭力向上與否，都是評鑑對象。

一般職員的情形也一樣，年薪所佔的基本職薪比重不超過六〇％。其餘的當然也是根據實績而定。這是賞罰分明與成果補償主義。

有幾分能力，給幾分對待，做多少事，給多少報償，這個原則是三星電子具備世界競爭力，背後的主因之一。

以三星電子數位媒體網路事業部總經理陳大濟進入公司的經歷來看，他是在一九八五年三十三歲時，從原來的大宇公司進入公司、一九八九年理事、一九九二年協理、一九九四年專務（編註：韓國企業裡，「理事」、「常務」、「專務」等職稱，類似於「協理」至「副總經理」之間的職位。）、一九九六年副總經理、二〇〇〇年總經理。

從一九九六年成爲集團內部最年輕的副總經理開始，陳總經理改寫了三星集團的各項人事紀錄。

負責記憶體半導體事業的黃昌圭總經理，於一九九二年進入公司後，僅以十年期間登上總經理的位子。

情報通訊事業部總經理李基泰，於一九九六年還是協理，卻以不過五年的時間，意氣風發地成爲總經理。

代表每年創造幾兆韓圜營利的三星電子核心人物，大部份就是像這樣奮發向上的。

賞罰分明的人事原則

三星的人事提拔，得要連續三年獲得A級以上的人事考核，另外，還要有卓越的業績表現。能跨越這兩階段的人事提拔對象，大約是全體晉升者的二%。

最高經營者的情形，則要經過結構本部人事委員會的審議。實績以外，業務姿態、對人關係、組織管理能力、事業失敗事例等，都是審議的目標。

甚至還要調查私生活是否有不合格的地方。徹底地查證所要提拔的人選。要當上三星的CEO比當上政府長官還難，這種說法也是其來有自。

人事提拔是組織營運上重要的一軸，與之相對地還有另外一軸。就是失敗時，徹底承擔責任。當接受賄賂等不法情形被揭發時，不管職位高低，應即刻離職。

這時沒有任何特例。任何對他們的聲援活動也在禁止之列。

就經營成效面而言，則多少有些特例，這是因爲考慮到景氣狀況，或是業種的特殊性等等，但如果連續三次業績表現不佳，還是很難有機會得到升遷。

三星對各個事業部下判斷，有三個階段：經營診斷—事業性再檢討—事業撤回等。整個用人制度徹底排斥靠關係或賣面

三星電子　人事評鑑體系

<table>
<tr><th>區分</th><th>職群</th><th></th><th>職員</th><th>幹部</th></tr>
<tr><td>電子共通
核心能力</td><td rowspan="2">總職群
共同評鑑
項目</td><td>➡</td><td colspan="2">革新價值／重視顧客／
專業性(40～50%)</td></tr>
<tr><td>階層別
核心能力</td><td>➡</td><td>責任感
（20%）</td><td>領導能力／
策略企劃／
人才培育（30%）</td></tr>
<tr><td rowspan="6">職群別
核心能力</td><td>R&P</td><td rowspan="6">➡</td><td colspan="2" rowspan="6">成功慾望／問題解決／
情報能力／協助性／意見溝通／
挑戰精神／國際化／意見決策能力等
8個項目中選擇1～3個（20～40%）</td></tr>
<tr><td>設計</td></tr>
<tr><td>營業／行銷</td></tr>
<tr><td>技術</td></tr>
<tr><td>製造</td></tr>
<tr><td>支援</td></tr>
</table>

（ ）內為評鑑比重

子。

進入三星所填的志願表中沒有出生地一欄。地緣、學緣（出自同個學校）、人緣等「三緣的排斥」，是人事長久的傳統。前董事長李秉喆的姪子應試集團的公開招聘，因成績未達水準，還是慘遭「淘汰」。

CEO之間不關說，也不接受人事請託。

連對公司發展有貢獻的職員，其子女應試任用時加分五～一〇%的關係錄用制，也在金融危機之後取消了。

嚴謹的人事體系

每年年初，三星電子人事組就會完成二五〇個項目的「人事評鑑方針」，傳送到各事業部門。

根據十六個能力項目（範圍）所編成的手冊，各個組長依照部門及職群別的特性，選擇五～八個項目評定組員的人事考核成績。

如營業部門的挑戰意識、行銷部門的國際化、支援部門的問題解決等，用以加強個別不同能力的比重。

總公司人事組絕對不加干預。從錄用起，分配、任職變更、離職等，所有人事權限轉移到事業部已經很久了。人事評鑑就與年薪有直接關係。

從一九九八年引進的三星電子年薪制的特徵，是徹底的差別主義。基本給付六〇％以外，所佔的四〇％是能力給付的變數。能力給付的評鑑中，獲得最高分「優」等級，最高給付到一三〇％爲止。

反之，得到「丁」的最低等級時，連基本職薪都會有問題。最少要得到「乙」級，才能獲得平均年薪。以年薪作根據所支給的利益分配制（PS），情形也相同，即使是同職等，最大也有超過五倍以上的差距。

超越目標時分配二〇％

二〇〇二年年初，三星電子半導體、無線事業部所屬課長級六位工程師，各自從公司一次獲得一億五，〇〇〇萬韓圜的現金。這是與年薪不同，另外的「技術研發獎勵金」（technology development incentive）。這是和投資股票、不動產、創投企業一樣，美夢實現的暴利。以前，公司賺再多錢，最多也只能獲得薪水一〇〇～二〇〇%的特別獎金。CEO的年薪是一大破例。

二〇〇一年包括尹鍾龍副董事長等七位公司內部登記理事，平均每人所獲得的報酬爲三十六億七，〇〇〇萬韓圜，爲LG電子（七億九，〇〇〇萬）的四・六倍、現代汽車（四億八，〇〇〇萬韓圜）的七・六倍。

三星電子年度執行的薪資預算，也達到兆的單位。

三星電子的成果體系，除了根據個人能力發放不同年薪的制度以外，以專任職員爲對象，包括生產性的獎勵金（PI: Productivity Incentive）、利益分配制（PS: Profit Sharing）等的集團成果分配制度也頗具代表性。

利益分配制

一年期間評鑑經營實績，當所創利潤超過當時預設目標時，超過部分的二〇%將分配給職員的制度。每年於結算後發給一次。

每人發放額度的上限是年薪的五〇%。無線事業部和數位錄影機事業部，就在二〇〇二年獲得年薪的五〇％。人事組相關人士說明，獲得追加ＰＳ五〇％的職員，相當於每年以五％調整的年薪，連續調整七年後才能得到的年薪。

三星ＰＳ的引進是在二〇〇〇年。彌補以個人職等來敍薪的限制，目的是爲了要激發動機，讓小組或公司對整個集團的經營成果有所提昇。

生產力獎勵金

導入ＰＩ制度是在一九九二年。那時，不管經營好或不好，職員都是一定的報酬，大部分也都是固定給薪。集團深切感到固定給薪的報酬體系，對於提高職員的創意性有所侷限，爲了軟化僵硬的組織，所引進的制度就是ＰＩ。

集團結構調整本部的財務組制定規範，供應給各相關企業，三星電子配合具體的經營現況，將此加以補充使其發展。

ＰＩ所評鑑的是經營目標是否達成，以及改善程度，然後以半季（一，七月）爲單位，根據等級支付獎額。評鑑過程分成公司－事業部－部門及小組等三部份。

評鑑基準以公司、事業部、部門（組）各自在半季內創造多少營利，計算ＥＶＡ、現金流轉、每股收益率等，各自訂定A、B、C等級。

因此，評鑑等級從AAA（公司－事業部－組）到DDD，共有二十七個等級。依照評鑑結果，最傑出的等級將獲得年度基本給薪的三〇〇%，反之，最低等級者一毛也得不到。

例如，無線事業部或數位錄影機事業部所屬職員們，於二〇〇一年下半季公司（三星電子）A級、事業部及組也同為A級，評定可獲得一五〇%的PI。

相對地，記憶體事業部，或是TFT-LCD事業部，則只能獲得五〇%。

7
徹底消滅舞弊

錢、精英以及舞弊監察。

揭發舞弊是基本的。但更重要的任務，
是不讓舞弊發生的預防措施。以客觀的角度來觀察，
對於容易有舞弊可能的公司或事業部門，事先清查，
預防不實，是經營診斷組的工作。
發掘容易錯過的優秀人才，加以培訓，
也是他們的重要任務之一。

舞弊是癌

二〇〇一年的某天，在漢城太平路三星電子總公司內。

就在電梯旁，服務台前站著神色相當不安的兩個人，因爲服務人員剛以冷冷的語氣說道，「兩位已經列入我們禁止出入者的名單，所以不能進去。」

他們是三星電子協力廠商的職員。正確來說，是去年因支付回扣而被揭發的公司職員。由於事件發生後就被停止交易，所以他們是來看看是否有什麼可以復原關係的解決之道。

他們想以自己就犯了這一次錯來求情，結果希望泡湯，吃了閉門羹。

三星電子服務台上有這類的禁止出入者名單。

上面有幾十名因爲支付回扣等不當行爲，而被中斷交易的廠商名單。

列入黑名單的人員將永久禁止出入。徇私、舞弊絕不能原諒，要事前徹底地斬草除根。三星電子董事長李健熙常如此強調。

「舞弊不只是癌，還是傳染病。存在舞弊的公司終究必敗。」

舞弊是不應該也不能存在的事。對於舞弊，三星幾乎是有潔癖的。從以前董事長李秉喆時代開始就這樣。

提到三星的話，人們想到的就是「錢、精英以及舞弊監察」。揭發舞弊可說是徹頭徹尾。

光二〇〇一年，就在三星物產建設部門、三星電子半導體採購部門，揭發大規模的舞弊事件。一一找出涉及的相關職員，加以嚴懲，殺一儆百。甚至有人說，連國家機關的監察系統都不及其好幾倍。

對於「監察」的性質有不同詮釋，是從李健熙董事長任內開始的。

最近，監察一詞幾乎很少使用，而是以經營診斷（business consulting）一詞取而代之。監察是揭發已發生的舞弊，所作的事後措施。

李董事長指出只有事後措施是不夠的，那會錯失預防損害發生的機會。無法預防舞弊的發生，就會產生不必要的損失。因此，各個子公司和結構本部所組成的經營診斷組，其機能比以前的監察組範圍更廣。

揭發舞弊是基本的。但更重要的任務，是不讓舞弊發生的預防措施。

以客觀的角度來觀察，對於容易有舞弊可能的公司或事業部門，事先清查，預防不實，是經營診斷組的工作。

發掘容易錯過的優秀人才，加以培訓，也是他們的重要任務之一。

經營診斷組裡，沒有任何例外。有問題的地方，就用聽診器聽聽看。要進行經營診斷，不是依李健熙董事長的指示，就是經營診斷組本身所下的判斷。這可不像只是用剪刀剪布而已，而是要提出治療方案、把方向指點出來。事業部門所具有的競爭力到哪種程度，全部冷酷地揭露出來。

例如，電視部門的經營診斷，就從國內外競爭對手的電視，和三星電子電視的全部拆解開始。採購部門、物流部門、技術研發能力等，全部是其診斷對象。之後，再冷靜地分析競爭力到何種程度、不足的部門爲何。藉此，再制定事業策略，構思中長期的目標。

公司相關人士不約而同地說，三星電子的海外分公司全以藍字紀錄坐收，是從一九九七年開始，以海外分公司爲對象進行經營診斷的結果。

一九九九年有赤字事業汚名的數位家電部門，也是在通過經營診斷以後的二〇〇一年創下一兆韓圜的淨利，這是大家公認的事實。

中央研究所負責長期計劃；數位、半導體等事業部門研究所則分別研究短期課題，

舞弊 判斷 基準 事例

類型		舞弊判斷基準	行動指南
由交易的廠商或是希望合作的廠商	禮品券的授受	・不問金額及理由，視同為現金受賄的舞弊行為	・原則上拒絕，不得已受領的情形，應向上司報告後退回，無法退回情形，利用共同活動的機會，將結果通報監察部門
	紅白禮金授受	・超過一般社會觀念所認定的金額（10萬韓圜以上） ・對交易對象事前公告喜喪事等，轉達或發送帖子行為	・熟悉的廠商給禮金或奠儀，也是超過10萬韓圜的話，應該要全數退還 ・部門上司對廠商採取注意措施
	交通費授受	・國內外出差時，接受由同行業者提供住宿交通費等行為	・業者提供交通住宿費應該拒絕。若是業者主辦活動而負擔費用時，應事前取得上司許可
	餐飲款待	・接受餐點或酒的招待，每人2萬韓圜以上視為舞弊 ・暗示或要求款待，也屬故意地舞弊行為，為嚴懲對象	・和交易業者商談會議中遇到用餐情形，原則由公司負擔費用 ・不得已由業者支付的情形，應在每人 2 萬韓圜以下，且次數不得過於頻繁
對往來業者的持股投資		・職員對具有利害關係的往來對象投資持股，屬舞弊行為。	・因為交易過程中，對方有給予特別優惠的可能性，所以絕對嚴禁
安全相關		・洩漏因勤務取得之情報，或利用於增值個人財產，屬辨弊行為，為刑事告發對象 ・利用網路毀謗他人，或散播淫亂影像、文章等行為	・因勤務取得之情報，所有權為公司所有，不得任意洩漏或為個人利用 ・損害他人名譽，或是收送淫亂影像、文章等，均為該禁止的不健康行為
上司與屬下間的關係		・上司可以給屬下員工禮物以作為獎勵，但是員工個人提供給上司錢財，不論任何理由均屬舞弊行為	・因個人給上司錢財，可視作有意為升職、考核、年薪等所作的請託，故原則上絕對禁止

這也是透過經營診斷所得出來的答案。

結構調整本部經營診斷組的相關人士表示，發現問題、修正問題，當然是各事業部門上司或CEO要做的事。但是，從第三者的角度來看，還會發現一些其他的問題。

經營診斷一般都在很嚴肅的緊張感中進行。毫無間斷的詢問和討論，並且在確認作業中完成。按照常理，接受經營診斷的人，心裡應該不太舒服。

但是，最近反而是瀰漫著想要接受經營診斷的積極氣氛。自從李董事長對經營診斷組指示方針之後，「發掘經營團隊還未能把握的優秀人才」勢在必行。

結構本部經營診斷組相關人士說明，「進行經營診斷的時候，常常會發現一些具有卓越能力或有很大貢獻的人才，只因業務系統問題而未能獲得賞識。」

從一九九七年開始，到二〇〇一年為止，將近一〇〇名人員經過經營診斷後獲得提拔。也有從課長升到部長級的次長。

經營診斷組相關人士私下表示，「接受經營診斷的職員，已經從防禦性的姿態，改為積極說明自己的成績，想讓自己獲得認同。這股新風氣正在蔓延之中。」

像這樣的經營診斷法，日本一些著名的電子企業也來學習過。

集團結構調整本部的高層人士表示，「經營診斷是一種醫療行為。即使挖掉腐爛的地方，也要知道爲什麼會有傷口產生，更重要的任務，是讓將來不會再有傷口產生」。

不是監察舞弊不法，而是過程改善；與其追究責任不如準備對策方案；比起短期業績更重視效率的最佳化，這些才是經營診斷所瞄準的焦點。

徹底防止舞弊的系統

經營診斷組最頭痛的一關，就是建構防止舞弊的系統。

在十年前，像「公費右口袋，個人錢財左口袋」這種簡單的原則劃分方法還說得過去。但隨著社會風氣改變，像這樣用口袋來進行公私之分的方式已經完全行不通。

追蹤資金、找出舞弊，實非易事。在盤問周遭同事的過程中，引起反彈的情形也很常見。更嚴重的問題是，有些年輕職員所作的事已屬舞弊之實，還全然不知是舞弊。他們會深表不滿地表示，「總可以和往來廠商喝杯小酒吧，何必連這個也要干涉呢？」因此，對於建構勸阻舞弊系統，經營診斷組花費許多心力。

首先要剷除可以發生舞弊的土壤。讓職員不要直接經手金錢。電子採購於是變得基本而必要。

零組件不是事業部，而是要經過總公司採購的體系，就是這樣建立的。對於經費支出的核准系統，也要經過二層、三層的檢驗。另外，也告示職員應遵守的項目。

例如，和廠商一塊用餐的情形，費用超過每人二萬韓圜時，無條件應由三星人員出錢。若非如此，將視同接受款待，以舞弊看待。還有職員因爲廠商往計程車裡丟了五萬韓圜，說是幫忙付車費，結果沒有找錢退回，而被懲罰。

經營診斷組相關人員指出，「最重要的是教育」。他們希望強調道德感的「三星憲法」，能裡裡外外地徹底執行教育。

新進人員是當然，連課長、部長、新進高層主管等階段，也都要接受防止舞弊的教育課程。三星本身就培育出一些專門的講師。他們至少要將舞弊這個名詞，從「三星的字典」徹底地刪除。

8

多樣化的事業組合

「數位聚合」時代最適合的條件

面對即將來臨的數位聚合時代，

三星電子自信已具備最合適的事業結構和產品群。

因爲半導體、通訊、家電、AV、電腦、

顯示器等多樣化的產品群，樣樣具備的企業相當罕見。

以果敢的結構調整，確保核心競爭力

「三星電子正遭逢危機。一九九六年 16MB DRAM 的價格暴跌，一九九七年也不見好轉。李健熙董事長甚至希望能發展洗碗機和汽車導航系統用晶片，以各種非記憶體半導體讓事業呈多角化經營。」（美國《商業周刊》一九九八年三月二十三日）

一九九七至一九九八年的金融危機當時，西歐的專家們曾勸告三星電子，放棄主力產業記憶體半導體以外的事業。以「選擇與集中」的理論規則，研判主要業種以外的事業要全部處理掉。然而，現在他們的觀點全變了。反而是半導體、通訊、數位媒體、家電等各個事業齊頭並進，營造出三星電子的優勢。

二〇〇二年一月的《富比士》毫不吝惜地讚美道：「降低對半導體部門的依賴度，以行動電話終端機和數位、家電等部門取而代之，使利潤結構分散，事業多角化的策略完全成功。」

在二〇〇一年世界IT事業極度惡化當中，三星電子創下二兆九，五〇〇億韓圜的利潤，開始吸引不少新的眼光。尤其令業界矚目的，是從一九九七年開始出口的行動電

三星主要產品　市場佔有率　（單位：%）

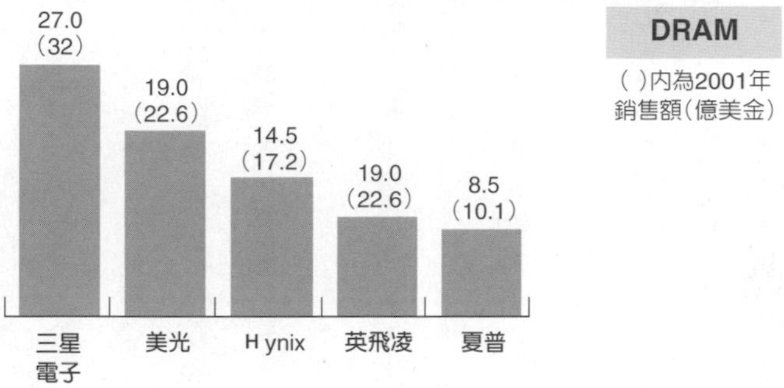

資料：Data Quest

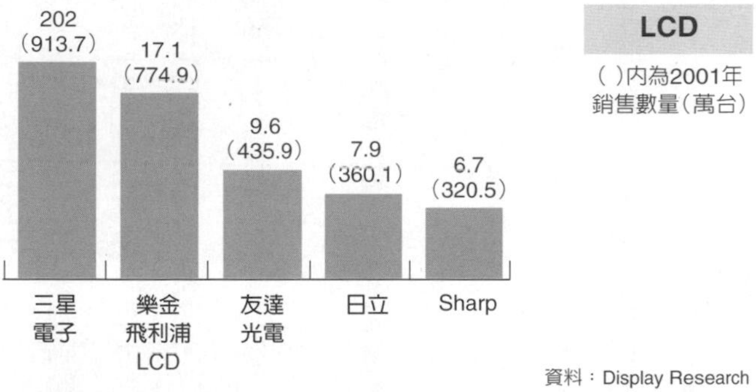

資料：Display Research

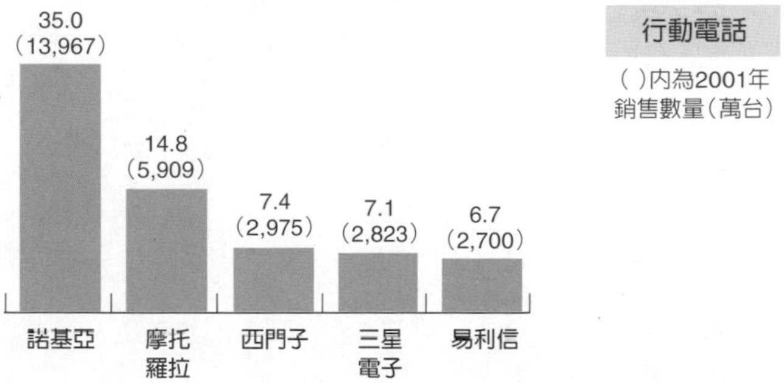

資料：Data Quest

話，這是繼記憶體半導體之後，榮登新的「cash cow」（金牛事業）。主力的半導體部門在二〇〇〇年利潤六兆韓圜，到二〇〇一年劇減至六，九〇〇億韓圜，但行動電話部門銷售卻創造了七兆韓圜的營業額，一億二，〇〇〇億韓圜的利潤。

二〇〇一年包括行動電話在內的情報通訊部門，以九兆韓圜營業額，創下一兆三，七〇〇億韓圜的營業淨利紀錄，佔整體營業淨利二兆三，〇〇〇億韓圜的一半以上。

數位媒體與生活家電等，也分別各自創造了二，九〇〇億韓圜與一，八〇〇億韓圜的利潤。

副董事長尹鍾龍說明，「半導體不能賺錢的時候，就由其他部門來賺，這是發揮事業組合的威力。」

大宇證券研究委員金炳瑞說，「充分證明了數位・家電和行動電話，在半導體景氣停滯之際，可以發揮緩衝作用之實」，他認爲三星的「方向決定得相當正確」。

仔細剖析利潤內容的話，可知各部門都各自擁有自己的競爭力。以行動電話而言，包括業界之冠的諾基亞在內，大部分公司的淨利都有減少，或甚至有赤字紀錄，這麼看來，三星電子創造利潤的佳績顯得格外耀眼。

半導體方面，主力的DRAM市場，面臨想像中最惡化的停滯情況，三星與大部分企業慘遭大幅赤字的挫敗相比，已經是相當卓越的成績。DRAM業界第二名的美國美光科技，到二〇〇二年二月底爲止，三個月內累積三，〇四〇萬美元的赤字，已有連續五季的赤字紀錄。

正當世界家電企業的業績蕭條，生活家電部門卻也能有一，八〇〇億韓圜的營收，與二〇〇一年相較相差不大。淨利和營業額相比的營業淨利率，也有五．八％，不亞於競爭對手的水準。

和事業結構類似的日本企業相比較，則更加突顯出三星電子的競爭力。二〇〇二年三月底，結算二〇〇一年的經營結果，推斷松下和NEC、富士通、東芝等日本的綜合電機電子企業，都將面臨大幅赤字。

《經濟學人》分析日本綜合電機電子五大企業的情形，半導體的淨利率，從二〇〇〇事業年度的一六％，惡化到去年的負一九．九五％，另外通訊機器也從九％惡化到負一．九％。

三星電子整個公司的二〇〇一年營業淨利率爲七％。託遊戲機之福，免受赤字之苦的日本招牌企業新力，截至二〇〇一年年底爲止，九個月內所紀錄的淨利率爲一．八％，三星電子較之高出許多。

如果除去電玩、映像、金融等，以佔大部分營業額的電子事業來結算，則新力的淨利率降到一・二%。

這是三星電子具有多樣化的事業組合，各部門內部又能果敢地執行結構調整，確保核心競爭力，所獲得的成功結果。光是家電事業，就有洗衣機、電冰箱、冷氣機、電磁爐等四項具有競爭力的產品，另外一些小規模的產品項目，則各自視分公司的狀態調整結構。

國防產業用的電子事業、電力用類比晶片等，不是由分公司來做，就是出售或與海外合作。

對於公司所看重的半導體、通訊和數位・家電領域，金炳瑞研究委員的說法是，「已經跨越充任景氣緩衝的階段，而進入可以共同發揮合作效果的階段。」

三星行動電話事業得以在短期間急速地成長，正是因爲有半導體技術作後盾。能夠呈現四〇和絃的晶片、行動電話用顯示控制晶片等非記憶體、快閃記憶體和SRAM等記憶體，都是由半導體事業部支援。

另外，非記憶體事業部的八〇餘名職員，也以調任或派遣方式，轉到通訊部門研發「數據機晶片」(Modem chip)。

均霑。

相對地，曾經以仰賴個人電腦爲主的半導體事業，也因而擴大了事業領域，而雨露

非記憶體事業擔當總經理林亨圭說，「同一家公司的優點，是能輕易獲得行動電話系統的相關知識。」

非記憶體事業部和數位媒體事業部，共同研發出STB（Set Top Box，視訊轉換器）和HDTV。STB是由非記憶體事業部主導、HDTV是由數位媒體方面主導，相互調派人力。系統設計屬於數位媒體、半導體設計屬於非記憶體方面負責的方式。

換句話說，三星電子已經正式進入各事業部之間可以協力開發產品的階段了。

三星的DVD播放機、數位電視和HDTV中，都擴大由自己公司供應晶片的比重。二〇〇二年初問世的掌上型電腦「Nexio」，未來則希望能以三星的CPU替代英特爾的CPU。借助於行動電話事業的成長，通訊用的「數據機晶片」也將達到可以和壟斷市場的奎康（Qualcomm）公司相抗衡的水準。

尹鍾龍表示，半導體、通訊、家電、電腦、顯示器等樣樣俱全的三星電子，具備了融合各項數位產品的「數位聚合」（Digital Convergence）時代最適合的條件。

尤其是在各種家電產品，與通訊器材合而爲一的家庭網路、辦公網路、行動網路時

代中，尹鍾龍期待三星電子的威力能更加擴大。

數位產品的融合得到成效，也讓海外專家的眼光大爲改觀。某位知名的諮詢企業代表說明，「美國也應該從強調選擇與集中的策略，轉變爲強調無形資產和網路融合的策略」。

「三星電子的事業組合，本身就具備競爭力」結構調整本部總經理李鶴洙指出，「這是從一九八八年李健熙董事長繼承經營後，將曾是綜合家電公司的三星電子與三星半導體通訊合併之後而開始的。」

當時，李健熙作了個決定，「爲了開發既有家電產品的其他機能和高附加價值的產品，半導體、個人電腦和家電等的技術，必須統合、活用。」

強勢的產品競爭力——記憶體等世界第一

面對即將來臨的數位聚合時代，三星電子自信已具備最合適的事業結構和產品群。因爲半導體、通訊、家電、AV、電腦、顯示器等多樣化的產品群，樣樣具備的企業相當罕見。

DRAM和快閃記憶體、SRAM等，在記憶體的領域中，正保持著世界第一的堅強競爭力。在這個基礎上，供應置入各種產品的系統單晶片SOC的非記憶體事業，正大規模地擴展中。

另外，LCD和彩色螢幕等顯示器、電磁爐也都是世界第一。於二〇〇一年名列世界第四位的行動電話，預測二〇〇二年將進入前三名。

市場正在擴大的數位電視、HDTV等領域，三星電子也展開搶先的競爭。大宇證券研究委員全炳瑞分析，生產數位TV或是第三代行動電話的企業當中，只有三星電子具有半導體的基礎。

將來，第三代行動電話和數位電視的生產者中，同時可以自行製造置入第三代行動電話的數位動態影像處理晶片，以及數位電視用的記憶體，也只有三星電子。

以綜合性電子公司，推動家庭網路爲新一代事業的日本新力，進軍通訊事業便嚐到失敗的苦頭。

新力表示行動電話將成爲往後事業的主軸，設計引人矚目的衆多產品，於二〇〇一年問世。然而，卻因產品不良造成三億四千萬美金的損失，因此只能與易利信合作。

東芝和NEC、日立的情形，則無法承受二〇〇一年的赤字，現在都完全放棄DR

AM事業。

通訊半導體的公司摩托羅拉的情形，則是沒有電腦與家電事業部門。

飛利浦雖然有行動電話事業，但整體來說，在通訊領域方面的評價是比較弱的。

相對來說，三星電子的優勢更加受到矚目，其理由正在於此。

9

品牌形象的升級

先見、先手、先制、先占的策略

三星電子的職員，謹遵數位事業策略的四個原則：
先見、先手、先制、先占。也就是搶先觀察市場變化，
比別人先動手一步，壓制競爭對手，
搶先佔據市場之意。數位化讓三星擺脫模仿追隨者的原罪，
可以和先進企業站在同一線上出發。

先見、先手、先制、先占的策略

一九九七年金融危機強襲整個韓國，當時韓國國內企業所累積的問題點，全部毫無掩飾地暴發出來。然而，三星電子反而大獲全勝，將這次考驗轉換爲一次「祝福」。

到那時爲止，三星電子的產品，其實主要追求的還是大量生產之後可以輸出到國外，以便宜的價格賣出去。個別商品的銷售廣告，就是市場行銷的全部策略。這種現象尤其在某些地區更加明顯。

當時光是海外分公司各自使用的廣告代理商就有五十五家。根本無法將「三星」的整體形象具體呈現出來。消費者如果不光顧產品，銷售沒有起色，接著就只得傾銷販售。

在金融危機之前的一九九六年五月，李健熙董事長便指示，「現在要策劃的方案，是讓三星形象從C級提升到A級。」

樹立集團立場的品牌策略，是在一年四個月之後的一九九七年九月。準備好執行方針，則是在一九九七年十二月。

當時正值韓圜兌美金的匯率在二，〇〇〇比一的痛苦時刻。

Top-Down 策略

雖然起步晚，但診斷很神速。最迫在眉睫的是建立世界性的CI（企業識別，coorporate identity）和商標。

結構本部宣布，在海外，除了三星電子以外，其他關係企業一律禁止使用三星商標。在海外，電子以外的關係企業如果要使用三星的商標，必須事前獲得三星集團「商標委員會」的認可。

三星也以每年一億美金的規模，組成集團整體商標行銷基金會。運動領域的行銷，是目前唯一結構本部擁有自身的預算，也由結構本部負責執行的項

三星電子商標價值上升走勢（單位：億美元）

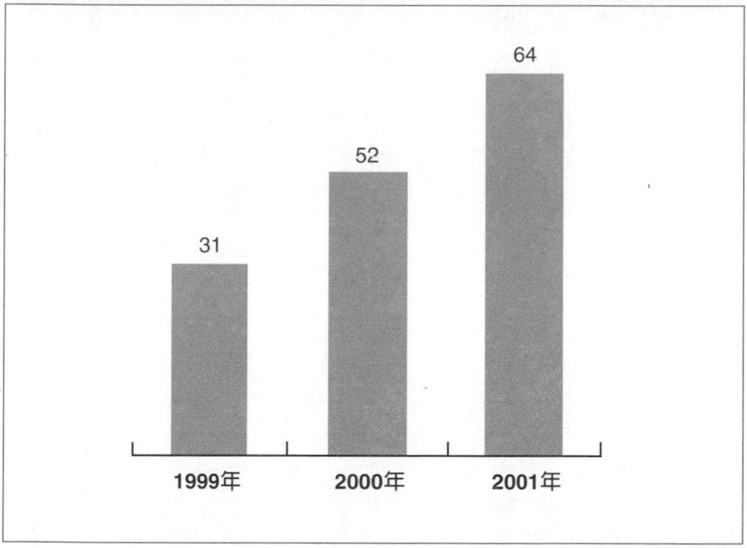

目。品牌策略是採取徹底的 top-down（由上而下）方式。一九九八年當時，結構本部診斷出三星品牌的定位是處於「低價」、「低品質」、「模仿」等，形象「眞空」的狀態。

結構本部公關組組長（副總經理）李淳東說，「我們選定歐美等先進國家爲最優先的投資對象，並以數位企業的形象來進行正面突破。」

也就在這時，他們提出了統一的廣告標語：「Samsung digital, everyone is invited.」（數位三星，邀請所有的人）強調開放自由、易於親近的尖端數位企業形象。

奧運行銷

一九九三年六月，李健熙董事長提出活用奧運的合作關係，作爲品牌行銷的主要手段。

他強調「積極參與和奧運有關的事業，要訂定二〇〇〇年奧運計劃。三星的定位如果能與奧運的形象相呼應的話，正是改變集團形象的最佳良機。」

這個指示於二〇〇〇年雪梨奧運會中實現了。其基礎是在一九九八年長野冬季奧運中準備好的。一九九六年，身爲IOC（國際奧林匹克委員會）委員的李健熙，從長野冬季奧運開始，即以無線機器領域的正式贊助廠商，將競爭對手拋在一旁，成功地將三星電子給拉抬進來。

三星電子在奧運上完全體現了整體行銷（Total Marketing）。

二〇〇一年二月美國鹽湖城舉辦冬季奧運，從奧運前的三個月開始，三星電子全部的海外分公司，便建立了緊密的銷售策略，並付諸實現。

全美洲銷售分公司（STA）從二〇〇一年十一月開始，兩個月的期間，與Verizon、Sprint PCS等通訊服務業者合作，藉由奧運展開共同促銷。也企圖策略性地與美國線上時代華納（AOL Time Warner）合作進行線上行銷。

結果，和前一年同一季相比，銷售量增加了二〇%。

中國銷售分公司則以「Go, Get it」的標語，在三〇個主要城市展開提供二〇〇二個行動電話作爲獎品的大規模促銷活動。

利用中國的奧運熱，這個活動在二〇〇一年十一、十二兩個月當中的銷售量，比去年同期間增加四〇%。

在義大利主辦的奧運入場卷贈送活動中，行動電話市場佔有率從六・一%升到一〇%。

三星電子公關組組長（專務）張一炯說，「奧運期間在鹽湖城現場所準備的展示館，參觀人潮有二〇萬餘名，每天平均有一萬名以上的人，體驗三星的數位技術。」CNN、CBS、NBC等國際媒體也加以介紹。藉由這次機會，在美國的商標認知度上升至八九％。

此外，也透過亞運會、LPGA tour（女子職業高爾夫巡迴賽）、Nation's Cup（高球國際盃）等多樣的運動活動，累積「三星＝世界尖端技術」的公式。

接受自己價值與MDC

三星電子的職員，謹遵數位事業策略的四個原則：先見、先手、先制、先占。也就是搶先觀察市場變化，比別人先動手一步，壓制競爭對手，搶先佔據市場之意。數位化讓三星擺脫模仿追隨者的原罪，可以和先進企業站在同一線上出發。

在行動電話、掌上型電腦、數位電視、DVD播放器等產品領域，三星總是針對市場所需的機能及設計，比競爭對手提早一步推出，並以此瞄準品牌行銷。

把「低品質—低價位—品牌價值低—銷售不佳—收益不高」的惡性循環結構，改變成「把握消費者—最佳時機問世—選定市場—確保漲價空間—銷售增加—品牌價值提昇—收益提高」的良性循環結構。

事實上，三星的五五英吋投影電視的美國境內銷售價格為二，五九九美元，比新力（二，二九九美元）昂貴。

二〇〇二年八月開始，預計在海外開始試賣具有無線通訊機能的掌上型電腦「Nexio」，其銷售價格預定為八〇〇美元以上。具有同樣機能的康柏「iPack 3800」為六四〇美元以上。

兼具VCR和DVD播放功能的「DVD Combo」售價美金二九九元，比新力DVD播放器（二〇〇美金）貴一．五倍左右，銷售量卻在六〇萬台以上，預計二〇〇二年的市場佔有率將位居第一。

二〇〇一年在中國率先發表雙螢幕顯示（Dual Display）方式的超輕型行動電話，銷售價格為三六〇美元，比大學畢業平均薪資（二七〇美元）還要多。雖然比摩托羅拉、西門子等競爭對手貴兩倍以上，卻以年輕女性為訴求對象，銷售三〇萬台以上。

世界四〇名內的品牌威力

二〇〇一年國際性的品牌調查機關，英國 Inter Brand 公司，發表三星電子的品牌價值從一九九九年三十一億美元、二〇〇〇年五十二億美元逐年急速增加爲六十四億美元，居世界第四十二位。亞洲企業當中，僅次於新力，位居第二。飛利浦、Panasonic 等曾遙遙領先三星的企業，如今也望塵莫及。

美洲事業部總經理吳東振說，「品牌價值逐年成長二十二%，我們的產品銷售也可以增加到這個水準。」

二〇〇一年，三星電子爲了讓消費者知道自己的商標名稱和公司產品，廣告費用高達四億美元。在面臨最不景氣的情況下，也比二〇〇〇年（三億二，〇〇〇萬美元）增加了二十五%。實際上，這年花費在行銷上的總金額爲二〇億美元，和研究開發費的規模相當。

國際行銷擔當副總經理金炳國說明，「因爲對市場和產品深具自信心，才能大規模的投資。」

根植一流形象

和品牌行銷要並重並行的，是形象管理的策略。

爲了耕耘「再強大也不會疏忽社會責任的企業」形象，三星費盡心力。換句話說，他們希望說明自己所追求的遠不只是商業利益的價值。

包括三星電子在內的三星關係企業，二〇〇一年一整年期間，在公益事業方面捐贈贊助了一，一〇八億韓圜。他們貢獻社會的，不只是金錢而已，職員們的參與率也很高。

二〇〇一年，三星職員自發性社會

2001年　三星集團的社會服務　執行實績　（單位：億韓圜）

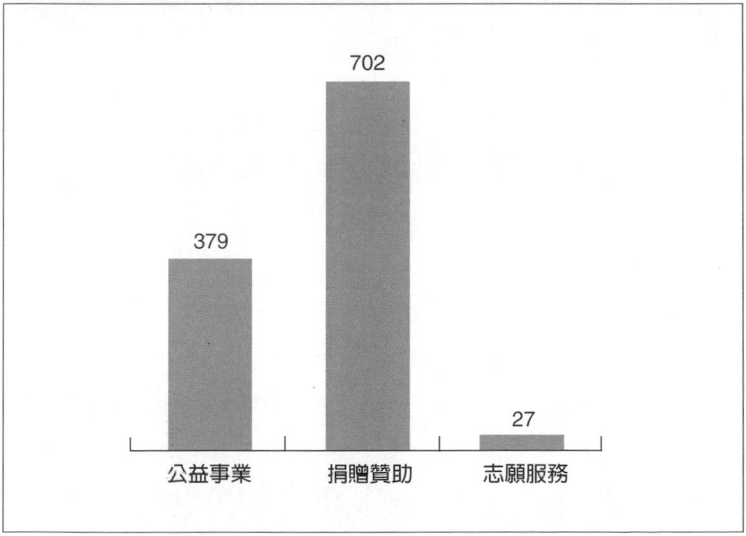

服務參與率高達五九·七%。

到養老院、孤兒院做義工，是三星關係企業各位總經理的主要經營活動之一。爲了支援社福活動，三星電子引進了義工休假制度。

三星的社會奉獻活動，是從一九八九年李健熙董事長自行捐贈一〇二億韓圜，建立三星福祉財團法人開始，而帶動起來的。從保育事業開始，他們還設立醫療財團法人、殘障者工廠（無窮花電子）。

一九九四年創立社會服務團（三一一九救助台），二〇〇一年開始，還展開敬老堂環境改善事業。

爲了課程和事業特性符合的立場，還有專爲視障者舉行的免費電腦教育營。

三星實踐這類活動，已邁入第十四年，充分反映了李健熙董事長的哲學。

李健熙常對身邊的人說，「我對自己的期許是：讓三星成爲一流企業，對於創造一流國家和家庭幸福的社會，有所助益。」他還有句話是：「不能貢獻社會的企業，是會倒的」。

換言之，他強調要把服務社會，放在生存策略的概念中一起思考，將其當作是經營活動的一部份。

在三星社會服務團擔任社務局長的朴永世協理（三星生命）說，「多樣的社會服務活動不僅提昇了企業的價值，無形中也有提昇參與者道德感的效果。」職員的道德感提升，企業也就可以很乾淨地經營。

海外也舉行相同的活動。

三星電子拉丁美洲分公司，每年十二月拜訪墨西哥、巴拿馬市的鄉間學校，爲孩童舉辦聖誕宴會。

印度分公司於一九九九年也和一個眼科中心共同合作，爲貧民進行眼科義診。

一九九九年二月《時代》雜誌，以〈回饋的社會〉（Giving some of it back）作爲專題報導時，其中也記載了三星的事例。

每年創下幾兆韓圜淨利的三星，在社會要求與期待的資源分配上，的確是費盡心思。

10
營業額八%的 R&D

智慧財產權是企業的最高資產

二〇〇一年三星電子於美國專利商標局（USPTO）
通過註冊的商標件數共有一，四五〇件，
是排名僅次於 IBM、NEC、Canon、美光科技，
通過註冊件數第五多的企業。

爲未來準備的R&D

二○○一年十二月，地上二十五層、地下四層的三星情報通訊研究中心，在京畿道水原三星電子園區內成立。

總面積四萬坪規模的建築物，內部包含無線LAN、Giga 級光纖通訊網路系統、LAN Phone、VOD系統以及 Web CCTV 等尖端科技設備。

建築物外觀是由防紫外線玻璃建造而成。其自動保全系統不僅是外部人士的出入受到管制，就連中心內的研究人員也只能在指定的區域範圍內行動。這個研究中心光是研發人員就有四，二○○名。當韓國受到一九九七年金融危機的衝擊影響還尚未完全恢復，三星在一九九九年就開始動工的這棟建築，光工程費用就投入三，○○○億韓圜。

千敬俊副總經理表示：「情報通訊研究所設立的目的，是爲了充分發揮包含半導體的零組件、多媒體、通訊技術相互間協力合作的效果。將原先分佈在盆堂、器興、水原、漢城各地的研究人員聚集在此。」

爲研究LSI（非記憶體半導體）系統而成立的SOC（系統單晶片）研究所，也位於這棟研究中心內。

大樓正前方有數位媒體研究所，而綜合技術院、半導體研究所也在十五分鐘車程內的距離。

智慧財產權是企業的最高資產

二〇〇一年三星電子於美國專利商標局（USPTO）通過註冊的商標件數共有一，四五〇件，是排名僅次於IBM、NEC、Canon、美光科技，通過註冊件數第五多的企業。

三星從一九九九年後連續三年列入註冊件數最多的前十名。原先排在十名內的東芝、朗訊科技、摩托羅拉被擠到二十名外。

三星在有夢幻通訊之稱的IMT－二〇〇〇相關產品上，在同步和非同步型的領域表現皆名列全球前四大技術水準的領先地位。三星有將近四〇多種相關技術，被採認爲技術標準。

三星電子將知識財產權視爲最高的企業資產，因此長久以來持續地投資R&D領域。全體R&D部門約有一萬七，〇〇〇多名人員，佔四萬八，〇〇〇名全體職員的三〇%。其中擁有博士學歷的就有一，五〇〇名左右。

此外，三星電子也在美國、日本、英國、印度、俄羅斯等八個地區設置海外R&D中心，並投注七〇〇名的研發人力。

而在情報通訊部門方面，九，五〇〇名全體職員當中，R&D研究人員就有四，五〇〇名人員，將近佔了半數。而工程師幾乎就等於生產人員。

包含了新一代金牛事業的DRAM LSI系統部門，也是三星未來的重點投資事業。此部分的產業在二〇〇〇年銷售達二兆韓圜，為公司增加八，〇〇〇億韓圜之淨利。

為了開發無線機器用數據機、數位電視以及機頂盒（STB）用晶片，SOC研究

2001年通過美國商標註冊件數最多之企業排行

排行	企業	國籍	獲得註冊件數
1	IBM	美國	3411
2	NEC	日本	1953
3	Canon	日本	1877
4	美光科技	美國	1643
5	三星電子	韓國	1450
6	松下電器產業	日本	1440
7	新力	日本	1363
8	日立	日本	1271
9	三菱	日本	1184
10	富士通	日本	1166

資料：美國專利商標局（USPTO）

所對通訊研究所與數位媒體研究所支援了超過百名以上的核心研究人力，這個如同R&D中心的SOC研究所，也包含於LSI系統之內。

SOC現有一，七〇〇名左右的研究人員，早晚將擴增至三，〇〇〇名。林亨圭總經理說：「我們已經進入專利排名、國際標準化技術等可以排名到全球第五名的地步了。」

R&D是爲未來埋下的種子

三星電子將每年總營業額的七%以上投資在R&D領域。今年更是增加到八%。以金額來計算的話，一九九九年一兆六，〇〇〇億韓圜、二〇〇〇年二兆一九〇〇億韓圜、二〇〇一年二兆四，一八二億韓圜，每年以二〇%的比例增加投資金額。

DRAM產業方面，三星在一九八三年開發出64KB DRAM，當時與先進企業技術的距離相差四・五年。一九八五年開發256KB DRAM，已將時間縮短爲三年。到了一九九四年研發出16MB DRAM時已經毫無時差。這都是十年來投入天文數字的技術開發與設備投資的結果。

在二〇〇一年達成一兆三，七四一億韓圜淨利，約佔三星整體淨利五十九％的情報通訊部門，其經營成果也是經由無數的失敗與嘗試。

雖然從一九八八年即開始開發行動電話，但 Anycall 卻是在一九九四年才終於誕生。當時的行動電話型號取名爲 SCH-770，意味著該行動電話在第七次的測試後才能順利推出上市。

行動電話事業部的工程師中，年資十五年以上的老職員很多，十年後仍專心一致，反映了三星R＆D的文化特色。在每個月召開一次的全公司技術長（CTO）會議當中，討論到的內容都是三～四年後，甚至十年之後才會成爲正式事業化的技術。

設計，實現三星企業的特性

三星電子製造的型號：SCH-3500 行動電話，締造了單一機種全球六〇〇萬台銷售之冠的紀錄。二〇〇一年，CDMA在美國的市場佔有率達到二十八％。雖然以一五〇到一八〇美元的售價，比價格約在一〇〇到一二〇美金之間的諾基亞、摩托羅拉同機型更爲昂貴，卻還能成爲熱門商品，秘訣在於三星所擁有的設計經營中心（Design Bank）。

設計經營中心的三〇七位設計師，每年大約設計開發出七〇〇種產品，透過三D電腦輔助設計程式（CAD）系統，製造出樣品。

三星電子的設計能力，在近五年內有十六項產品獲得美國產業設計師協會（IDEA）的優秀設計獎，與美國蘋果電腦公司並列企業領域世界第一的肯定。

設計經營中心所要扮演的主要角色，就是確立三星獨具的整體性。爲此，從新產品企劃階段開始，設計師便參與其中，對行銷、R&D負責人都會有相當的影響力。

在綜合技術院所召開的未來策略技術會議當中，相關的設計人員也一定要參加。

李健熙董事長表示，「設計與創意是企業最珍貴的資產，同時也是二十一世紀企業經營決定勝負的最後關鍵。」

設計經營中心透過問卷調查以及一對一訪問，搜尋最符合三星形象的各種情報資訊：從顏色、商品代言人、甚至電視節目的特性……從嚴密周全的調查中，找到三星的品牌概念。

設計策略組組長鄭國鉉表示，「我們的基本目標是，即使商品上沒有任何三星的商標，消費者還是能一眼就辨識出三星的產品。」

爲了新產品的企劃，設計經營中心按照全球不同地區，選定他們要集中火力攻下的消費族群，然後研究其生活形態。

這時的研究，不是單純的問卷調查，而是直接和他們共同生活一個星期，同甘共苦來刺激產品的設計靈感。

截至目前爲止，經由這種過程所誕生的概念產品中，共有一七八個已通過專利註冊。研究之中，不但要判斷到底是三年後、五年後，還是十年後才要推出的產品，連產品、型號名稱，以及消費者可以接受的價格帶也都要一併決定。

世界一流化策略

「從World Best，到M三〇和WOW（哇！）專案！」

三星電子所製造的筆記型電腦Sense Q在正式推出上市之前，前後一共被公司退回八次。下達退回命令的人不是別人，正是數位媒體事業部的總經理陳大濟。

厚度必須比新力的筆記型電腦VAIO薄，在二公分以內，重量也不得重於三公斤。陳大濟將筆記型電腦使用的便利性列爲產品設計的第一要件。

產品開發組不斷地改進產品，以符合陳總經理所要求的產品規格，但在最後關頭的

「盲目測驗」（blind test）中卻屢次失敗。筆記電腦的厚度雖然減薄了，但是鍵盤又過薄而造成問題。

爲了減少這一ｍｍ的厚度，設計和Ｒ＆Ｄ部門經歷好幾次的激烈辯論。

在經歷過八次退件、重新改善製造之後，終於對Sense Q表示滿意的陳大濟，在二〇〇一年寄了一台Sense Q給全球最大個人電腦製造商，美國戴爾公司的ＣＥＯ麥可・戴爾。對Sense Q品質相當滿意的麥可・戴爾，隨即與三星電子簽下高達十億美金的Sense Q購買契約。

「WOW Project」的專案名稱是「Maverick」（與衆不同）。「ＷＯＷ（哇！）專案！」顧名思義，就是要製造出讓全世界眼睛爲之一亮的產品，這個企畫名稱是陳大濟在二〇〇〇年Ｒ＆Ｄ企畫中所提出的構想。

以「Swallow」（燕子）爲專案名稱而開發的黑白雷射印表機「Mono」，也是「ＷＯＷ（哇！）專案！」中的一項。

Mono創造了三億美金以上的銷售紀錄，燕子銜來的一粒種子，帶來了豐厚利潤，徹底實現這項企劃名稱的價值。

同時具備DVD Player以及ＶＣＲ機能的DVD Combo也一樣。

這個產品在美國以二九九美金的高價位販售，二〇〇一年光在美國即售出六〇萬台，全球銷售共一三〇萬台。

三星電子這種一流化企畫的起源，可溯及一九九六年 World Best（世界第一）策略。當時選定了CDMA方式的數位行動系統，及數位錄影機磁片等四十五項產品，爲 World Best 的產品。

這是遵循李健熙董事長追求「質」的企業經營成果。

「名品 Plus one」的誕生，最初也是由具備工程師專業面的李健熙所提出的構想。

在適逢公司創設三〇週年的一九九九年，副董事長尹鍾龍提出的「M三〇」企畫，則是爲了將基礎單一產品的創意，與未來數位聚合的創意相連結的一個提案。

藉此，在數位媒體領域當中，將推出包括結合數位相機與MP3播放器機能的 Photo & MP3、TV Phone、網路冰箱、FLCD（強誘電性液晶顯示器）等三〇多項新產品。

11

對關係企業的扶助與鞭策

同伴互助合作的經營學

因爲在整機和零組件上都有最高技術團隊的有效合作，
才能在短時間內研發出新產品。同時三星電子的行銷人力，
必須從技術開發階段便開始參與，
這樣才能比其他競爭對手提早一步商品化。

同件互助合作的經營學

名品 Plus One 電視（一九九五年）、三十四吋全平面電視（二〇〇〇年）、世界最大六十三吋電漿電視（二〇〇一年）……都是三星電子的代表作。

一九九五年，電視畫面的寬度、高度比還都是四：三，而那一年，三星成功地開發出一二・八：九的寬螢幕電視「名品 Plus One」。這個產品以「找到被隱藏的一吋畫面」的廣告詞而聲名大噪，在韓國二十九吋的電視市場中，曾創下四十五％占有率的成功紀錄。

這項產品是在三星電子、三星ＳＤＩ、三星電機、三星 Corning 等電子關係企業的共同合作下，製造誕生的。爲了加寬電視左右兩側各八ｍｍ而特製的顯像管(三星ＳＤＩ)、玻璃眞空管（三星 Corning）、核心零件（三星電機）等，都是與其他關係企業所合作出來的全新製品。

共同開發新產品

電視「名品 Plus One」的產品企畫，是特別喜愛收看紀實節目的三星集團董事長李建熙，在聽說電視只能呈現電視台原始傳送畫面的八〇%之後，在一九九五年指示啓動這項企劃。

四家電子相關企業總共投入了五十五名研究員以及二二七億韓圜的研究費。研究人員分別由三星電子、ＳＤＩ、電機以及 Corning 等四家關係企業公司遴選出來。參與工作的工程師各自有原先自己崗位上的產品開發，大家都是每個月見面兩三次，以確認進展狀況。

三星電機製造的偏向線圈（ＤＹ：使影像信號呈現在畫面上的零件）與高壓變聲器（ＦＢＴ），必須組裝在三星ＳＤＩ所製造的映像管上，再插入三星電子所製造的組件，這些作業反覆進行約七個月的時間。負責映像事業的研究人員，則每個月固定召開一次會議，隨時調整商品上市的時間。

四家合作的關係企業還締造了另一項耀眼的成績，那就是在二〇〇〇年成功開發出三十四吋的平面電視。雖然平面電視是之前既有的產品，但三十四吋大型平面電視的誕生，則要歸功於ＳＤＩ部門與三星電機共同開發出的新映像管 Itron。

「Itron」製造的三十四吋平面大型畫面，與新力先前所開發不同的是，從畫面到背後之間的厚度（depth）減少了十公分，因此能提高電視的空間效率。

在名爲「OMEGA 企劃」的「Itron」開發過程中，三星ＳＤＩ與三星 Corning 合作在攝氏一，〇〇〇度以上的高溫下，使用大型玻璃表面延展開的工程技術，成功地製造了全平面的三十四吋映像管。而三星電機更是劃時代地縮短了ＤＹ的長度。

三星電機協理金載助說：「因爲在整機和

三星電子關係企業三家公司的銷售金額　（單位：億韓圜）

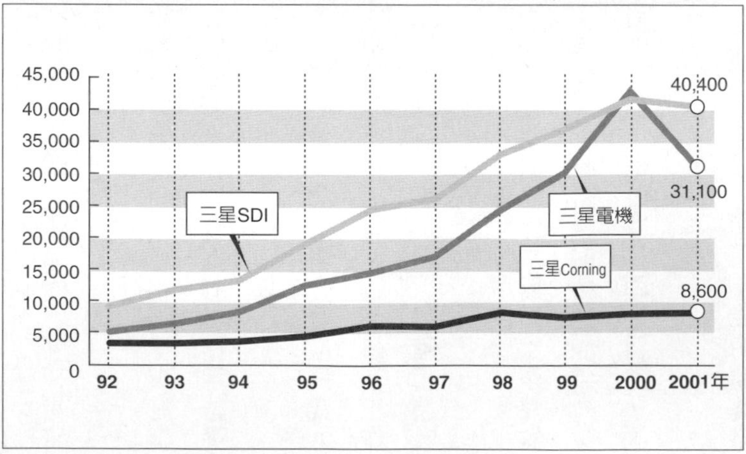

零組件上都有最高技術團隊的有效合作，才能在短時間內研發出新產品。同時三星電子的行銷人力，必須從技術開發階段便開始參與，這樣才能比其他競爭對手提早一步商品化」。

流行快速變換的行動電話，推出新產品的間隔時間尤其影響競爭力。在開發電子多層印刷電路板（MLB）時，三星電機將技術人員派到三星電子無線事業部門，經常停留十日以上。因爲MLB電路必須符合機身的設計，所以特別需要有效的協力合作。

金載助協理說明，「這樣MLB電路只要一設計完成，就可以置入機身內，可以達到商品化，縮短產品研發的時間。」由於很悠然地縮短了開發—投資—商品的過程，因而三星電子得以維持「比競爭對手快六個月」，速戰速決的行銷原則。

互助的主軸——總經理團會議

在第一線工作者的協力合作的背後，有三星電子關係企業的總經理會議在當後盾。這個會議由李建熙董事長召開，每年兩次。會議的場所雖然主要在承志園（編註：三星創辦人李秉喆的故居。），但有時也會依當時情況，或是策略目標另擇他地舉行。中國上海（二

○○一年十一月）、美國德州奧斯汀（二○○○年二月，德州首府）的會議，也同時體現了該年海外市場的重點所在。

電子、SDI、電機、Corning、Techwin、紡織、SDS等三星電子相關企業總經理團隊，二○○二年四月十九日於龍仁「創造館」召開會議，除了十年後三星電子要靠什麼存活的主題之外，也討論爲了讓數位產品的融合發揮到極大，所面臨的事業領域調整問題。總經理團隊一旦勾勒出未來的藍圖，各事業部長級的幹部就必須根據新策略，每月召開一次會議，更具體地確立產品開發計劃。

此外，各產品也有許多小型會議。爲了無線通訊技術開發的「關係企業合作會議」，出席人員包括三星電子記憶體事業部總經理黃昌圭、三星情報通訊事業部總經理李基泰、三星SDI綜合研究所副總經理裵哲漢，以及三星電機綜合研究所協理金載助等人。

穩定的零件供應來源

三星SDI、三星電機、三星Corning是三星企業穩定的零件供給來源。曾是家電公司後起之秀的三星電子，在一九七○～八○年代時，是使電視事業成爲金牛事業的堅強後援。三星電子不受日本產業的影響，穩定地供應電視零配件，與海外業者以五：五各半的合資方式，於一九七〇年成立三星NEC、一九七三年成立了三星三洋電機與三星Corning 等公司。

初期完全是垂直化的合作方式。零組件公司的產品，一〇〇%都是銷售給三星電子。三星 Corning 製造玻璃眞空管，三星三洋電機公司製造DY，再送到三星NEC組成映像管後，再送往三星電子生產。

之後，各個關係企業對三星電子的銷售比重雖然日漸減少，但從三星電子的立場來看，這些零組件相關企業仍然是他們穩定的供給來源。三星電子除了自己直接生產的TFT-LCD 之外，其他的顯示器全數是由三星SDI所生產。而十三種行動電話的主要零件由三星電機生產。Anycall 行動電話中置入的震動零件百分之百都是三星電機的產品，MLB則有八〇%是三星電機的產品。

三星電子數位媒體暨網路事業部總經理陳大濟指出：「三星電漿電視確定能比富士通及夏普等先發的日本業者更具競爭力，其理由之一就是因爲具有世界水準的三星SDI，提供了穩定的零件供應。」

「在第三代電視，也就是超薄型高級數位電視的市場中，三星將成爲第一名。」陳總經理很有自信的表示：「因爲我們不但擁有世界最高水準數位電視（HDTV）的製造技術，電漿及液晶等相關配件的生產體系也能垂直化。這是我們能壓倒其他競爭企業的最大理由。」

關係企業也是世界水準

三星SDI生產之映像管，及行動電話用的液晶顯示，全球市場佔有率爲世界第二；而三星電機生產之平向線圈（DY）、高壓變聲器（FBT）及調音器（Tuner）的全球市場佔有率，爲世界第一。

這是三星SDI與三星電機二〇〇二年的成績單。三星SDI在二〇〇一年的營業額爲四兆韓圜、三星電機爲三兆韓圜、三星Corning八，六〇〇億韓圜。三星SDI的淨利是五，五〇〇億韓圜，爲韓國國內上市公司的第十四位。

三星電子在五年內向外擴展了七十五%的規模，三星SDI與三星電機也同時各自成長了五十三%、七十七%。此外，三星SDI還多方嘗試PDP及再生電池等其他領域，並在二〇〇二年春天成功地製造出TFT-LCD水準的螢幕，價格卻比彩色行動電話用液晶螢幕UFB-LCD低三〇%以上。此舉更是引起業界高度矚目。

三星電機宣布他們要在二〇一〇年前成爲世界排名第一的零組件製造商的目標，正在積極進行組織調整與技術開發等。

對他們而言，有顯示器全球市場佔有率排名第一名，及行動電話全球排名第四的三星電子當往來廠商，是他們堅實的靠山。

三星電子在成立初期，即使關係企業所製造的零件品質較差，但他們還是照單全收。歸功於此，這些關係企業都及早實現了擴大規模經濟，大幅擴大設備並投資R&D，快速成長。

被INTERBRAND公司評價爲六十四億美元、全球排行第四十二位的「三星」品牌，也是三星電機和三星電子共享的好處。三星電機協理理事金載助指出：「在開發新的零件時，只要提到是三星Anycall所使用的零件，就會引起國外交易公司對產品的興趣。」不過，三星SDI與三星電機的銷售額中，有六〇%與三星電子毫無關連，這表示他們的競爭力並不全是三星電子的光芒而已。

三星SDI與世界五大個人電腦製造商持續保有長期往來關係。三星SDI副總經理裴哲漢說：「三星電子不是遮蔽我們的保護傘，反而是鞭策我們進步的鞭子。」

他同時指出，「當我們的技術水準只達預期的五〇%時，三星電子往往已經有九十五%契合預定的計劃。這種情形反覆不斷發生之後，我們發現自己技術在不知不覺中已經領先了競爭對手。」

事實上，一旦關係企業站穩了脚步之後，三星電子所要求的品質與價格水準就十分嚴格。三星電機協理金載助表示：「三星電子在驗收成品時是非常嚴格的；設計部門要求全世界最好的品質，購買部門要求全世界最低的價格。即使在設計上勉強過關，但如果價格過高，仍得重新進行評估。」

從這樣的要求，不難理解三星電子第一流主義的哲學。特別是一九九三年李健熙董事長在法蘭克福宣示將經營方針由重量改爲重質之後，三星電子不能將關係企業放在保溫箱裡，必須要求關係企業與其他競爭對手有同等的品質與價格水準。

同年，李健熙將關係企業二百多名人員，聚集在法蘭克福的凱賓斯基飯店，主持徹夜的馬拉松會議。三星電子情報通訊事業部李基泰總經理，就在當時的會議上，以淚水誓言一定要製造出超越摩托羅拉等世界一流的行動電話。今天這已經是集團內衆所熟知的小故事了。

12
周密的資訊管理
找尋絕佳投資時機的能力

外界總認爲三星比其他企業更能迅速而正確地掌握訊息。
實際上，三星確實掌握了以企業文化和業務過程爲中心的
訊息蒐集精神。人力資源管理、系統建置或是 IT 投資等，
不管是軟體或硬體，只要是必要的情報，他們就會努力去蒐集。

三星電子的競爭力報告

「李健熙董事長一到日本，日本分公司的總經理與職員就會十分緊張。只要李董事長沒有任何外部拜會或是晚餐約會的行程，往往會開會到半夜十二點、一點爲止。會議主要是聽取在日本與三星相似的行業或公司的動態報告。聽完新推出的新產品手冊、和主要企業經營團隊的會面、最新引進的制度、經營的現況、最熱門商品等等報告之後，立刻進行討論。所有一起前往的隨行人員也經常是筋疲力盡地返回漢城。」一位三星結構調整本部高層人員指出。

外界總認爲三星比其他企業更能迅速而正確地掌握訊息。

實際上，三星確實掌握了以企業文化和業務過程爲中心的訊息蒐集精神。人力資源管理、系統建置或是IT投資等，不管是軟體或硬體，只要是必要的情報，他們就會努力去蒐集。

三星電子能先後在記憶體半導體，LCD、行動電話等，創造大幅營收，成爲深具潛力的企業，就是努力蒐集資訊的成果。

美國IT業者安捷倫（Agilent Technologies）總裁兼執行長巴赫特（Ned Barnholt）曾指出：三星電子出衆的競爭力中，有一點是「絕佳的投資時機（timing）」。也就是肯定三星電子擁有卓越的分析能力，能判斷包圍著市場與競爭業者的無數資訊。

結構本部副總經理李淳東說：「包含三星電子在內的三星子公司，從知識與資訊情報的處理文化就與其他企業不同。所有新進職員從一開始就聽報告、整理資訊、將報告完全吸收。即使聽到和自己沒有直接關係的訊息，如果是和其他部門或關係企業有關，也一定會將其傳達給相關人員，這似乎已成爲不成文規定。」也自

三星情報化的趨勢圖

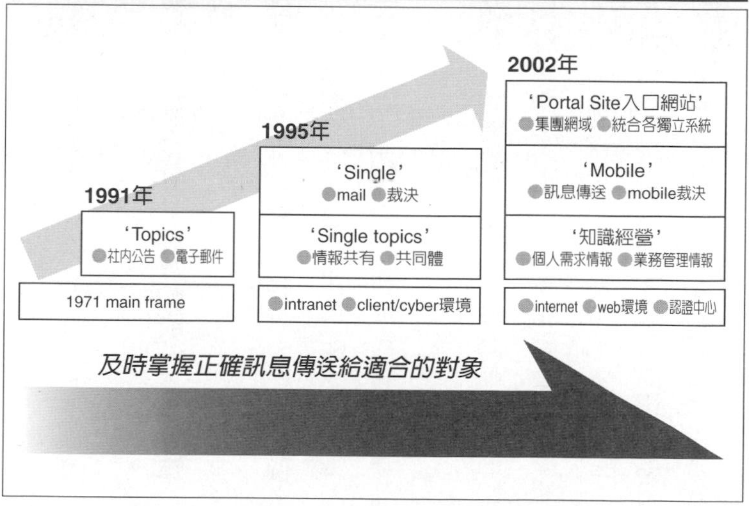

然而然就養成了隨時學習的企業文化。

三星經濟研究所負責提供經營者應該知道的資訊，這包括：海外媒體的報導整理，或主要報告書等。

像李健熙董事長所推薦的《站在懸崖邊的老虎——江澤民與中國新菁英》必讀書籍，也會有摘要發表。

電子方面，諸如生物科技研究會此類由同仁自動組成的研究社團，約有一一〇餘個。以李健熙董事長爲首的CEO，紮實地建構一個以知識、資訊爲主的頭腦與心靈。李健熙個人就經常要閱讀厚達數十頁，包括韓國國內報紙、週刊、月刊、國外媒體等等的剪報。

除了拜會國內外知名人士之外，李健熙也透過日本企業的技術顧問以及NHK的紀實節目獲得資訊。他還不斷督促集團的經營者掌握海外市場的動向，多花費心思以一流企業作爲目標。

在二〇〇一一整年當中，尹鐘龍副董事長總共到國外出差了一〇五天。他和日本業者的交情特別深厚，二〇〇二年三月底到日本出差的兩個星期當中，就與當地十八個企業的代表會面。

曾經都讀過麻州州立大學與史丹佛大學的陳大濟總經理與黃昌圭總經理，各自曾在HP、IBM、英特爾等服務過，也能活用在美國的人脈來蒐集資訊。

在三星電子中，以各種經營資訊與知識整理分析爲主要工作的，是經營企畫部門。總公司的經營企畫部門的主要任務是蒐集資訊，用以支援尹鍾龍的經營判斷。

半導體、情報通信等四大綜合性事業部門各有所屬的經營企劃組，彼此之間也會縱橫互相交換資訊情報。

三星總公司內部經營企畫部門，總共負責管理全球六〇〇個情報來源，其中包括各國的新聞專業雜誌、顧問公司、各國政府或個人所構建的人脈網路。

尤其是左右全球經濟動向的美國聯邦儲蓄（相當於中央銀行）、促使通訊政策立案的美國聯邦通訊委員會（FCC）以及日本郵政省等，都是主要的對象。

三星將這些資訊來源所蒐集的情報分析過濾之後，製作成最後報告書，於每週三固定召開的資訊情報會議中分發給四〇〇位職員。

在日漸強調資訊判斷、知識鍛鍊，以及企劃、策略機能的趨勢中，每年三星大約有一〇〇名職員參加他們獨自開發，爲期五個星期的集中教育課程。這些課程以判斷解讀未來的能力培養爲目標，由專業顧問、大學教授來主講如何設定觀點，如何擬定策略。

專業技術人員要學習經營知識、經營專業人員也同樣要有技術方面的知識。經營企畫部的姜永起協理說，三星的教育課程水準就如同MBA一年的課程。

尹副董事長在最近的職員會議中提到：「現在正值電子產業的價值觀與策略改變的典範轉換期。快速掌握資訊、學習知識，是致勝與否的關鍵。要能洞察現象的本質，才能夠主導情勢的變化。」

包括分店辦公室在內，三星的海外分公司共有一四〇家，他們也是海外重要的資訊網。

二〇〇一年中國CDMA移動通訊設備的業者競標戰，海外網就發揮了重要的功能。中國政府在開放業者競標之前，市場大部分爲美國摩托羅拉、朗訊等業者所佔據。然而從一九九三年起，在中國工作的裴承漢等人，透過在中國的人脈與中國事業經歷，掌握了中國預定購買價格的情報，因而扭轉局勢。

記憶體事業部總經理黃昌圭說：「就記憶體部門而言，通訊、家電等其他事業部門的海外網情報，對於預測記憶體的供需與市場狀況也有很大的幫助」。

結構本部的情報組、企畫組，關係企業的對外協力團隊，也蒐集各種政策與立法相關資訊。

資訊管理則有IT做後盾。

一九九一年，三星就建置了集團內的公告與電子郵件系統等，比韓國國內業者早了二到三年。

而從一九九五年就建置了像現在具有Mail信件及裁決機能的「Single」、可共享、支援各種資訊情報的「Topic」。

「Single」與「Topic」當然能接受傳送各關係企業職員間的訊息，同時也扮演處理業務等重要的通路角色。「Single」主要將參與者分爲九個等級，分別提供適合的新聞報導與告示消息。

要到國外出差的話，透過「Single」連線只要輸入出差日期與目的地，系統就會依照其身份職位，預約合適的飯店與機位。也能一貫自動化處理簽證。同時也具有將出差費換成當地貨幣，或直接匯入出差國所屬行庫等功能。

三星電子在二〇〇一年建構完成包括海外分公司全體在內的ERP系統，是所有內部經營資訊可以一目瞭然的系統。

李光性協理（CIO，資訊長）表示說：「如果能把死角地帶的經營情報予以透明化，那就能即時處理問題，也可以大幅縮減業務流程。」

供應鏈管理系統（SCM）、顧客關係管理系統（CRM）、產品開發管理系統（PDM）等也都到了完成階段。

未來策略小組

由出身世界一流大學的外國人MBA所組成的未來策略小組，是三星獨特的「Think Tank」（智囊團）。

在一九九七年成立的未來策略小組，是為了要廣納海外優秀人才，拓展集團內部國際化的視野，同時擷取新的觀點。

這個計劃雖然也有培養海外經營者的目標，但目前還是以各關係企業內部諮詢診斷較為人知。

由二十五位成員所組成的策略小組，主要負責電子、保險、證券等，各關係企業不適合交給外人處理，或需要有人提供海外企業知識的諮詢建議。

成立之後，這個小組總共對八十三件專案提出了諮詢建議（其中電子關係企業有三十五件）。其中最多的是像「半導體市場的展望以及未來事業的模式建立」這種專案。

此外，針對新型態事業的開發，或是中國、越南等新市場的開拓，顧客關係管理（CRM）等相關系統的建置，策略小組均提出因應方案。他們以海外企業的實例爲基礎，做出具體的分析與實務方案，頗受好評。

三星嚴格限制未來策略小組的成員必須是來自哈佛或華頓學院（The Wharton School）等美國前八大的名校，或是英國的倫敦商學院（London Business School）、法國的歐洲工商管理學院（INSEAD）等出自於全球十大MBA課系的人才。

三星每年會從這些大學數千名的畢業生履歷中，挑選出二〇〇名寄發三星的說明會邀請函。

經由第一次的面試之後，再挑選出五〇名，其中的二〇名將有進入公司的機會。當中最後只有十位可以聘入公司。三星除了重視電子或金融領域的經歷，也會考慮到出生地等背景。這些全是精挑細選的優秀人才。

三星電子的定位越高，海外優秀人才對三星就越感興趣。

二〇〇〇年，三星給華頓學院畢業生寄出一〇〇張說明會邀請函，最後只有十五位參加。但在二〇〇一年，只寄出二十九張的邀請函，說明會卻吸引了六十五位畢業生前來。全體參加人數也從二〇〇〇年的八十九名增加到三〇三名。人數增加，當然有助於人才的品質提昇。

這些人力在策略小組工作二年、四年之後，往往會轉到一些關係企業服務。這是因爲策略小組裡的人，一旦接受某個關係企業的專案委託諮詢建議之後，經常會繼續接到一些後續專案，因而建立雙方的來往。這樣長久下來，等關係企業提出邀請加入的時候，他們也就不那麼好拒絕了。

而三星也期待他們最終能成爲該企業的全球經營者。

二〇〇二年，三星電子的新進高階主管介紹中，出自於未來策略小組的大衛・史提爾被選爲總公司第一位外籍高階主管，成爲話題的焦點。

裴秉律協理指出，「凝聚一流的ＭＢＡ菁英，是未來策略小組成功的主因。」

13
徹底的庫存管理

庫存百害而無一利

為了達到銷售與製造同步化，
三星電子開始建構龐大的供應鏈管理（SCM）系統。
銷售部門將目前哪種產品賣得如何、未來又將要售出多少，
將訊息同步傳達給工廠，製造部門根據這些訊息，
擬定新的生產計劃，這是 SCM 系統的宗旨。

極小化生產～銷售的時間

三星電子副董事長尹鐘龍最近提到：「三星電子在不景氣時仍能創造不錯的成績，得歸功於我們盡量壓低庫存與呆帳。」

「半導體或通訊業者最近所面臨的困難，就是因爲庫存量太大，以致於無法因應價格的波動。」他同時說明，「如果從下單到購買、生產、物流所需的時間能縮短，就能降低預期的費用。」

尹鍾龍的經營哲學之一，就是「庫存百害而無一利」。在職員會議等公開場合中，他也多次強調「庫存的壞處」。

庫存，百害而無一利

事情發生在一九九八年。尹鍾龍前往位於水原的彩色電視機生產工廠巡視，一到倉庫，竟然看到產品堆積如山。與銷售產品負責人所說的，因產品量短缺而無法銷售完全不符合。尹鍾龍立刻下令工廠停止生產。因爲他判斷這是因爲販賣與生產部門之間聯繫上發生阻礙，才不能同步掌握庫存狀況。彩色電視機的生產線中斷將近一個月之久，一直到庫存完全清空。

經營支援總括協理（經營革新小組）李相烈回想起當時說：「儘管職員的反應十分激烈，尹鍾龍依然堅持自己的想法。」

尹鍾龍列舉數項庫存的弊害：增加倉庫管理等費用負擔、延遲新產品的上市時間、減少產品的銷售機會、爲了急於消化庫存會導致利潤變薄、不能同步確認市場的反映，最後，也無法感到危機感。

於是他得出一個結論：爲了減少庫存，不得不重組整個生產、銷售、物流體系。

三星電子爲了瞭解善於庫存管理的公司是如何進行庫存管理，於是派遣考察團去參觀美國個人電腦製造公司戴爾。戴爾的職員在接到電話訂單時，能一邊確認各種類的庫存量，一邊向客戶推薦產品，因爲專職人員已深深感染了庫存管理的文化。但擁有半導體、TFT-LCD、行動電話、個人電腦、家電製品等多樣產品的三星電子，流通管道也不盡相同，因此想要找到適合三星電子的庫存管理系統是很不容易的。戴爾是專門製造個人電腦的公司，其流通管道較爲單純，系統很難以此爲標準。

SCM的建構

一九九九年，三星電子找來包括PWC在內的海外顧問公司以及三星SDS的工程師。賦予他們的任務就是要將「庫存消失」。他們看現在銷售多少，預測未來能再銷售多少，建立生產線最快速的通報系統。這不僅要及於公司整體，連任何單一產品的管理都不能漏掉。

爲了達到銷售與製造同步化，三星電子開始建構龐大的供應鏈管理（SCM）系統。銷售部門將目前哪種產品賣得如何、未來又將要售出多少，將訊息同步傳達給工廠，製造部門根據這些訊息，擬定新的生產計劃，這是SCM系統的宗旨。他們所需要預測的時間，最多不超過十六週。

「SCM系統建立後，原先每個月要重新擬定的生產量再調整作業，加快將近一週以上。」李相烈協理理事說，「同時也能快速處理市場的反應。」

特別是三星電子的SCM系統是以全球的生產與銷售分公司爲對象，從產品開發到售後服務（AS）爲止，全部領域均採用SCM系統。產品種類涵蓋範圍也從半導體到

三星電子的經營資訊系統

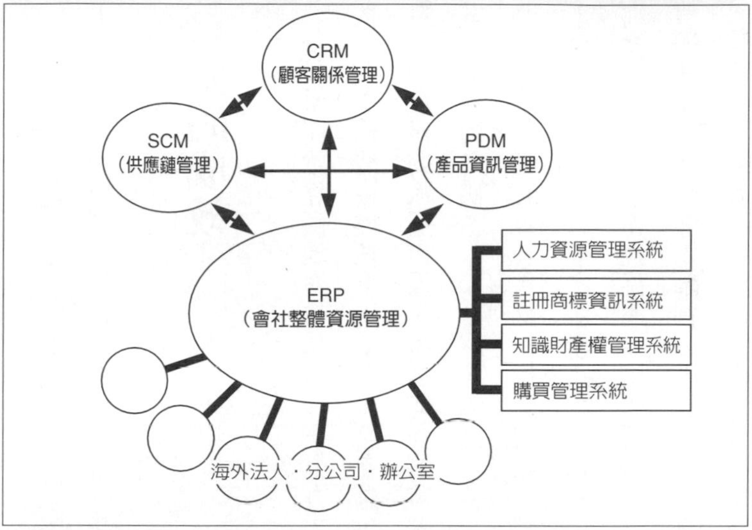

三星電子的平均庫存期間

（單位：週）

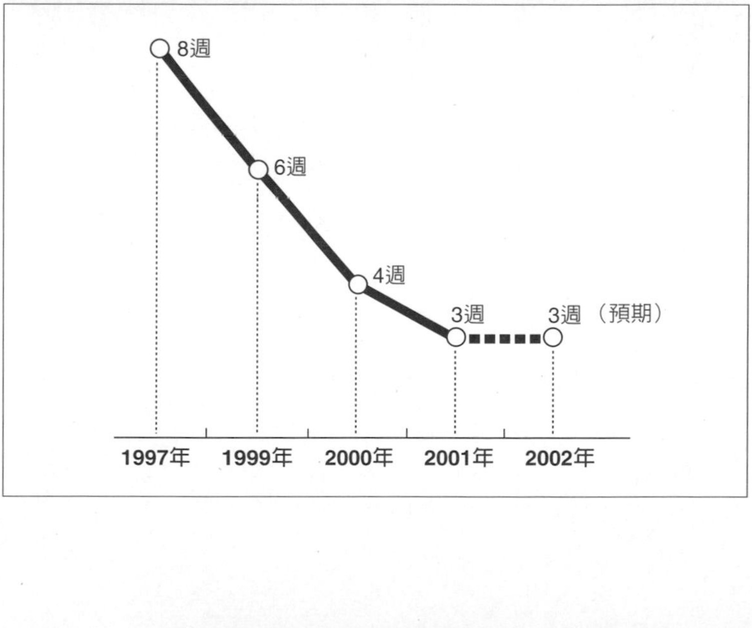

行動電話，規模之大連國外也前所未見。

三星電子二〇〇二年的目標，就是將SCM系統引進全世界五十四個銷售分公司中的主要四十九個地區，以及全世界所有的生產分公司中。

SCM的成效

SCM開始逐漸地發揮功效。一九九七年平均八週的庫存日數，到二〇〇一年縮短爲三週。李相烈協理理事說：「所謂三週，是在韓國製造產品以後，經由海運到美國洛杉磯，到最後的流通市場，所需花費的時間。」他並指出：「最好能將製造與銷售間的時差完全控制爲零」。

以飛機運送的DRAM和行動電話，其平均庫存日數最多不超過兩天。因爲沒有庫存，所以也能早一步推出新產品。

經營企畫組李光性協理（情報策略小組組長）說：「二〇〇一年行動電話創造最大營收的秘訣就在於庫存管理」。他進一步說明：「全球約有一億台以上的行動電話庫存量，其他先發業者礙於庫存而難以推出新產品時，沒有庫存的三星電子能最領先推出新產品，佔領市場。」

SCM與ERP的合作成效

能成功地引進SCM系統，是由於有先前建構的ERP系統作後盾。ERP是將人力、生產財、物流、會計等公司所有的經營資訊，以電腦系統加以統合管理的程式。光是一九九三到二〇〇一年七年之間，三星在ERP上就總共投入了七千億韓圜的資金。其中光是在建構海外分公司的網路，就投資了一千億韓圜資金。使用ERP系統，讓全球生產與銷售分公司能同步接收傳達重要訊息，讓他們習慣於活用這些系統的文化。

建立ERP系統同時也改善現金流失，與防止海外分公司隱瞞不實等情形。改善現金流失的理由是，原來產品銷售後要延到下個月二十日清帳的代理商，在ERP系統建立後，銷售後三天內就馬上清帳。

以前海外分公司常有隱瞞不實，或是延遲通報總公司等情況，現在總公司能同步掌握海外分公司的經營狀況，也能幫助海外分公司免於赤字威脅。

國外Software的骨幹、三星Know How的實體

SCM與ERP是以國外開發出的軟體爲基礎所完成的應用系統。然而三星電子將其概念擴張，再變化成適合三星企業文化的系統。

李相烈協理說：「三星電子的SCM是以開發、製造、品質、物流、行銷、銷售、服務等七個領域爲對象，並完整地涵蓋了半導體、個人電腦、行動電話、家電產品等各種產品，爲全世界所首見。」

ERP系統也一樣。三星電子的ERP套裝軟體，雖然是從美國SAP所購入，之後卻投入了百餘位三星SDS人員，重新創造成只適用於三星的應用程式。SDS因此也開發出一套韓國式的ERP系統，並將其商品化銷售給韓國相關企業使用。

李光性協理強調：「即使是HP或是IBM，截至目前仍是分部門各自運作，公司整體的ERP系統都還在建構的階段。」

徹底委外的物流系統

三星電子的物流系統可粗分爲國內與海外部門兩種。國內方面由物流專門公司負責，而海外則有許多合作的伙伴。未來計劃將致力於增加海外方面的物流效率。

國內的物流工作，從一九九八年將物流部門另外成立一家公司 Tolos，之後物流工作便全交給此公司。Tolos 的任務從倉庫管理開始，一直到產品的運輸、配送爲止。國內的情形，在節省費用的考量下，有時由公司的卡車直接運送，有時則發送外包。出口則全交給由船運或空運。因此，三星電子沒有專職負責物流經營的單位，而且也沒有所屬的倉庫。

但三星電子的 SCM Group 會控管物流的費用。要求 Tolos 每月固定兩次提出物流費用的數據資料、加以分析，徹底調查費用有無任何的疏漏。

三星電子 SCM Group 課長趙星訓說：「物流工作改換成委外的型態，將可以大幅度減少人力運用的負擔。」因爲相關費用是要支付給外部單位，公司更要徹底監控費用有無疏漏。

就國外的情況來說，三星的目標是，到二〇〇二年之前，要在包括美洲、歐洲、中國、東南亞、日本等各地，把各自超過一〇〇家的物流合作伙伴予以統合減縮，最少的情況，一個地區只留一家。

以實際例子來說，目前在東南亞，通關、車輛涉外工作、配送等就分由一五二家不同的業者進行，但計畫將來早晚要選定其中二家公司來統合管理這些工作。

這就是「一份合約，一份帳單」(One contract, one bill) 的策略。所有合作伙伴必須負責所有處理程序，三星電子只要在契約書上簽名，並負擔一切的費用即可。這個策略的基本構想，正是來自對庫存管理相當重視的尹鍾龍副董事長。

尹鍾龍經常提到：「三星電子要扮演好製造商的角色，把精神集中在銷售、製造與開發上」。據說，他是在某次海外出差的時候，下定決心重新改造三星在國外的物流方式。當時，他在一個餐桌上聽到，他一直視爲庫存管理標竿的戴爾電腦公司，在物流管理上也是力求縮短時間。

戴爾的物流工作全責交由美國運通業者UPS擔任。在馬來西亞製造的個人電腦，透過飛機運送，傍晚送達菲律賓的物流倉庫，同天晚上再出發，翌日清晨以前個人電腦就能順利抵達東京。

然而，李相烈協理說明：「我們並不想把三星電子的物流全交給跨國的運通業者，相對地，我們只希望在每個地區選出一兩個可以在費用、速度、顧客滿足度上都表現不錯的合作伙伴。」

三星電子二〇〇二年的目標是全球的物流費用能減少一〇%。從三星電子第一季的表現來看，就充分說明了達成這個目標的可能性。

14
沒有工會的雙贏
一流三星的無限能源

三星之所以能在大衆心目中形成 「管理的三星」，
沒有工會的經營是核心的主軸之一。
某位結構本部的高層相關人士表示：
「最高經營團隊認爲，工會的產生，是由於公司有部分的錯誤存在。」
因此三星透過多樣的福利政策來取代工會的機能，
並且要求 CEO 必須更明確的認識人力資源的重要性。

一流三星的無限能源

「無相關事項。」

這是每年金融監督院所提出的產業報告書中，三星電子在勞資調解調查一欄中的說明情況。

同一問題現代汽車公司的說明情形如下：「加入工會人數三萬七，〇七一名；正常班人員九〇名；所屬聯合團體金屬產業聯盟（全國民主勞動協會總聯盟）」。這和三星電子形成強烈的對比。

三星之所以能在大衆心目中形成「管理的三星」，沒有工會的經營是核心的主軸之一。

三星在面對內、外部各種批判與挑戰之下，仍能維持沒有工會的體制，其原動力爲何？

某位結構本部的高層相關人士表示：「最高經營團隊認爲，工會的產生，是由於公司有部分的錯誤存在。」

因此三星透過多樣的福利政策來取代工會的機能，並且要求CEO必須更明確的認識人力資源的重要性。

在三星電子，如果使用「女工」來稱呼生產線上的女性職員，將立即交付給三星人事委員會糾正。一定要使用如「現場操作人員」等「中性」的稱呼。每句話都必須考慮到有沒有蔑視到個人，或產生性別歧視等感覺。

以二〇〇一年的基準來看，三星電子全體四萬六千名職員中，女性職員將近半數，共有二萬一千多名。其中生產工作的女性職員共有一萬四千多名，佔全體職員的三〇%。而半導體的收益正來自於這些現場女性職員的雙手。

如細胞組織般的「職務分組」

三星電子的龜尾工廠是世界最大、一年可製造三，六〇〇萬台行動電話的生產工廠。該事業工廠全體六，六〇〇名職員當中，有三千名是女性職員。平均年齡二一．五歲、平均服務年資爲二．八年的她們手中，完成了世界最高品質的行動電話。

她們從打開製成品的電源到檢查是否有異常，所花的時間不超過一秒。精巧的手法更能在一瞬間同時按下十個以上的的按鈕，以進行測試工作。

兼顧掌握生產作業速度的同時，這些女性職員還依照每人專長所屬的不同「分組」，擔任進行各種品質改善的工作。

其中最具代表性的爲「明星分組」。這也是希望Anycall的名稱能在全世界都像明星般發光的意思。

最高級的名譽是「督導」（supervisor），用純金製成的徽章配掛在胸前。擔任督導除了要兩年期間平均B以上的考核成績、職務分組及規定項目優良成績、連續研修等客觀的評價之外，還必須要有其他同事的推薦才行。

換句話說，最優秀的現場工作人員，不是由公司，而是由同事選出。如果能對本身的業務引以爲傲，將能積極面對生產活動，也會以組織爲榮、對組織充滿向心力。

目前擔任督導的人數一共有五十五名。二〇〇二年的督導，預定在全體職員的教育訓練之後，從職員的角度選拔合適人選。

「職務分組」是將生產效率極大化的細胞組織，解決R&D部分不能得知的現場問題。

以「Agapē」爲名的職務分組，在二〇〇一年末，自行發現作業過程中如果可以縮短材料交換的時間將有益於增加生產量的課題，最後把生產效率提高了兩倍以上。在無線事業本部內，像這樣創造新績效的職務分組多達二一〇個。

半導體事業本部也有相同的情況，光在器興工廠就有超過九二〇個以上的分組組織。而分組長大部分爲現場女性從業人員。

其中名爲「Active」的職務分組，建構出新進職員也能輕鬆又積極參與的有趣活動架構，在二〇〇一年創下六〇〇天作業無事故發生的新紀錄。

光器興廠房二〇〇一年總共一，四〇三件的提案，就爲公司節省成本將近八七八億韓圜。

職務分組讓職員能朝同一方向團隊合作，從生產現場所發生的不滿、到家庭生活的困難之處都能獲得解決。這比工會更能嚴密地去發掘並解決職員的困難。

「如果能人性化對待從業人員，職員也就會將公司視爲己有，自律地工作。這樣產生利潤，也要分享給從業人員。一旦產生同事愛，公司的組織也將變得更強大。」

以上是李健熙董事長每次親訪作業現場，都會再三強調的內容。

多樣的協商管道

三星電子二〇〇一年的職員福利費用共支出五一五億韓圓。平均花在每位職員身上超過一一〇萬韓圓。薪酬總款則超過二兆韓圓。三星持續給付職員福利最高水準，而加重薪資的膨脹，甚至引起其他業者的不滿。

在三星總公司的八樓，分別有女性休息室與女性討論室。二〇〇一年一月，在韓國企業中首創女性討論室，其目的是爲了預防公司內性騷擾發生，並鼓勵女性人力資源的活性化。不但有二十四小時的電話諮詢，也有網路討論室。

另外，加強女性人力的職場領導力，以及進行特定的教育課程，也是目標之一。

三星電子公司內部就聘有二〇名的勞資協調專家。二〇〇二年內，他們打算和韓國心理學學會共同開設勞資協商等相關課程。這都是他們想取代以往的工會，以更多樣的管道聽取從業人員的意見。

透過公司內的廣播、公司報紙、網路傳播等多樣的管道，CEO的指示能在二十四小時內傳遞給每一位職員。雖然沒有工會，但透過職員代議機關的勞資協議會，共同擁有經營資訊其實也是同樣的意思。

每一季所召開的勞資協議會，最高經營者一定會出席參加，三星方面表示經營現況所有的資訊情報，一定會與所有職員共享。

勞資協議會中有各種不同類別的委員會在運作，從人力資源的開發、公正的工作評價、報酬系統的建立等，都是勞資雙方協議的重點項目。

不過也有一種說法表示，主要由女性及R&D人員組成的三星電子，在人力結構上，原本就不容易組成工會。因此，即使三星意識到自己傾向於無工會組織的經營，但從不會因而降低對從業人員福利與人事公平性的用心。

正如同摩托羅拉、IBM、TI、Shell等相關競爭先進企業一樣，三星在透過無工會運作的經營，也能維持高效率的生產表現。

培育徹底的「三星人」——新進社員的教育

哪一齣電視節目最類似三星電子的形象呢？

二○○一年三星電子爲了品牌行銷，所實施的問卷調查結果，是MBC所推出的「成功時代」。

鄭國鉉協理表示：「透過徹底的自我管理、不斷的努力，以及對組織的忠誠，最後達到成功的人物故事，讓觀衆覺得最符合三星形象。」

比方說三星的職員和其他公司的人在一起時，不會批評自己公司，也不會隨意透露公司的重要訊息。

L集團C次長剖析道，「雖然經過金融危機的大量裁員之後，這樣效忠的『傳統』應該減弱不少，但和其他企業比起來，三星職員對於組織的忠誠度還是

三星電子的勞資管理方案

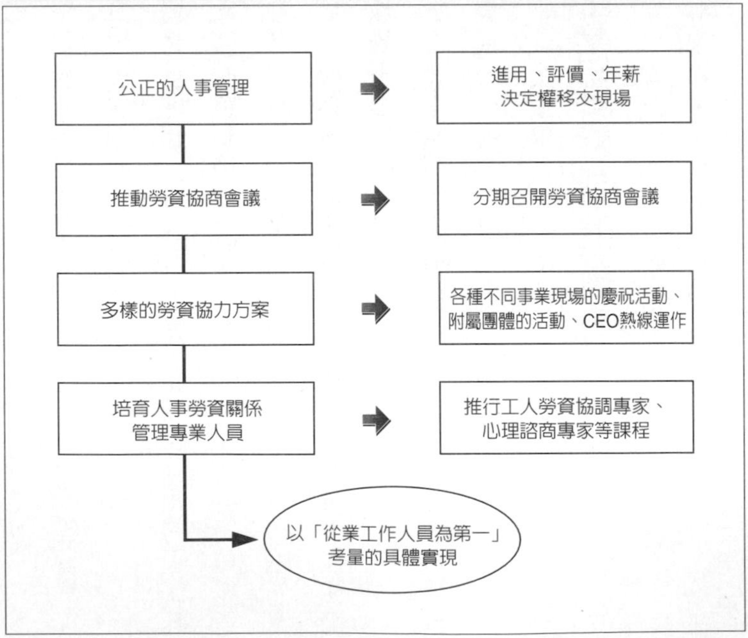

很強的。」

三星職員能具備如此高忠誠度，最主要的原因首推進入公司爲期一個月的徹底教育訓練。三星所有的新進職員，都必須接受爲期四週的集團人文教育。

能以一個月的時間，實行集團共同的住宿教育計畫，在韓國國內企業中也只有三星。入門教育的難度，即使是出自ROTC（儲備軍官訓練團）的人也都只能搖頭，可見其「惡名」昭彰。

課程從清晨五點五〇分到晚上九點，每個時間點都排得滿滿的。即使是星期天，除了宗教活動的時間之外，也都安排固定的教育課程。

三星人事教育組的相關人士表示：「其他企業的新進人員教育訓練，充其量不過是一般大學生新生訓練的水準而已，而三星的入門教育則是比新兵教育訓練還要嚴苛。」

第一週的教育訓練重點是教導新進社員成爲社會人士的基本技能。從襯衫的適當長度、打領帶的方法，到喝酒的規矩等，教導新進人員最基本的商業禮儀。這是爲了從頭到脚完全地塑造三星人所應具有的品行與規則。

一項名爲「挑戰者課程」的團隊訓練課程，也是必修科目之一。這個課程以二〇名爲一組的方式，進行攀岩、體格訓練，而且不能有任何一位隊員落後。透過互相勉勵鼓舞的過程，讓職員自然產生歸屬感與同事愛。

第二週則針對三星風格的經營觀，實施教育課程，集中於三星對韓國經濟的影響等大企業角色，以及三星所具備的競爭力根源等教育課程。

教育課程不是單方面授課，而是以徹底的答辯討論型態進行。志願服務與挑戰、主題活動等第三週的教育課程結束後，最後一星期的課程則是整理與評論時間。

同時也透過與派駐海外的前輩的對話，各自設定自己未來的展望。

爲期四週的教育課程結束後，新進人員如同脫胎換骨，也消除了原有的緊張與生澀感。這正是每位「三星人」蛻變的過程。

「三星要求所有的組織成員都要對三星企業的存在理由有明確的認識與瞭解」人事擔當副總經理李鉉奉說，「這也正是維持公司骨幹的秘訣。」

15

無派系主義

排除學緣、地緣、人緣關係

學校、出生地等背景的派系之分，
隨時都可能變成「集體利己主義」。
李健熙多次強調：「省籍地域的利己主義、
學校派別的利己主義、部門山頭的利己主義，
都會降低組織的競爭力」。在此考量下，
自然禁止任何可能會被誤會成派系之分的行爲。

開放的心胸、最高的能力

被認為是三星電子內部核心部門的資金、經理、管理人員，每年管理數十兆韓圜的現金進出，並且掌握公司的資金政策，但看看這些核心人員的履歷，會發現非畢業自一流大學的情況比比皆是。

資金小組組長A專務，是地方私立大學畢業；經理小組組長B專務，是地方國立大學經營系畢業。二〇〇二年年初正式人事編制當中，新進高階主管一共有五八名，其中國立漢城大學畢業的不過五名而已。

延世大學（四名）、高麗大學（三名）等所謂三大名校畢業的新進人員，合計不過十二名，佔新進人員二〇%的比例。與其他韓國國內上市公司畢業自三大名校的錄用平均比率四十七%（上市公司協議會調查），三星的比例還不及一半的水準。

相反的，錄用地方大學畢業的比率則超過三〇%。其中以錄取慶北大學六名為最多，其他依序為仁荷大學（五名）、釜山大學（四名）、光雲大學（三名）。也有錄用高中畢業的人員。現今領導整個三星電子的總經理級以上最高經營團隊陣容十人中，有二位是畢業於地方大學。不在乎學校派系等背景，三星以個人的能力表現作爲升遷的考量準據。

排除學緣、地緣、人緣關係

在三星電子，詢問個人的出生地及畢業學校是被禁止的。某位幹部說：「自我入社至今二十年來，從沒有被人問過是從哪一所大學畢業的」。

在錄用新進職員時也一樣。學校、出生地等都不是大問題。在決定是否予以錄用的最後面試階段，則完全不參考面試者的個人基本資料。

一旦通過基本的文件審查，就將面試者的個人資料擱在一旁，只放上面試的評分表，經由集體討論方式進行面試甄選。過年過節，三星也嚴禁職員到公司上司家中拜訪、送禮。

三星之所以採用這樣的政策，是因爲學校、出生地等背景的派系之分，隨時都可能變成「集體利己主義」。李健熙董事長也多次強調：「省籍地域的利己主義、學校派系的利己主義、部門山頭的利己主義，都會降低組織的競爭力」。在此考量下，自然禁止任何可能會被誤會成派系之分的行爲。

一九九四年開始，三星在錄用規定中，乾脆廢除學歷的限制。這正是所謂的「開放錄用」。

「人才的好壞不在於學歷，而在於個人所具有的潛在能力」李健熙董事長是這麼指示的：「錄用人才不要把學歷放在心上。只要能發揮能力，就要比照大學畢業的職員給予同等的待遇。」

一旦以能力作爲考量標準的人事政策逐漸生根，超越派系的企業文化更加公開，從外部吸收所謂的「異邦人」也會逐漸增加。「只要是有能力的人，就不要去區分其出生背景爲何，而要盡力地延攬進來。」在李健熙的指示下，內部及外部的人事提拔個案也大幅增加。這樣提拔起來的人才一個兩個地增加起來之後，再要檢視他們的派系族譜等等，就變得逐漸沒有意義。目前三星電子的員工四二二一名當中，「公開招募」聘入佔六十六％，其他三十四％則是由外部「輸血」引薦而來。陳大濟、黃昌圭等明星級總經理也是「非公開招募」出身的。

同時，新春文藝（譯註：韓國一項文藝比賽活動）當選者、設計、軟體、廣告、數學等各種領域競爭比賽的得獎人，都是三星集團錄用的對象。他們也不分學歷地錄用各國語言的精通者。像這樣經由「特別任用」方式進入三星的，每年大約超過一〇〇名。

三星電子高階主管的學歷、出生地

（總421名，單位%）

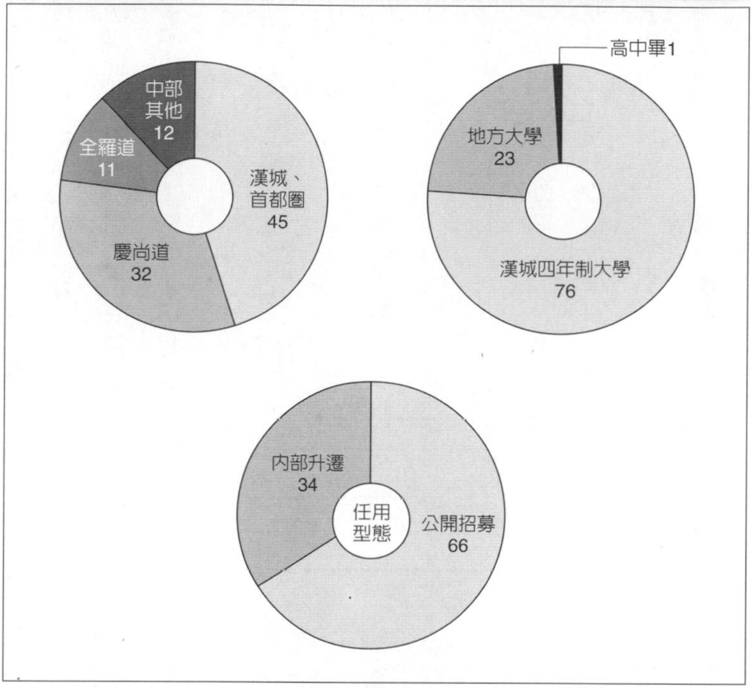

三星電子總經理級的任用型態

（單位：%）

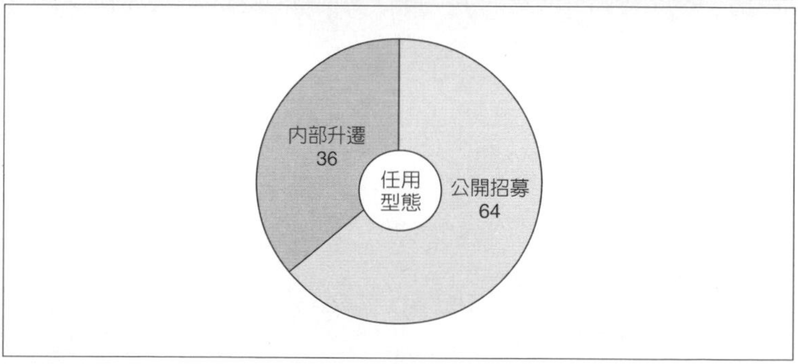

從一九九五年以後，三星徵人時候所使用的性向檢測「SSAT」，設計上是特別能發現有潛力的特殊人才的方法。這個檢測共分應用能力、語言、數理、推理、空間幾何等五個科目，但並不需要所有科目都得表現出色。只要其中一科相當優秀，縱使其他科目成績不佳、總成績偏低，仍會予以錄用。

內部成長與打破學歷

由於多元的任用管道等人事政策的變化，以及企業逐漸的全球化，消除派系的土壤得以逐漸滋長。二〇〇二年「協理補」這個高階主管職五十八名中，由海外取得博、碩士以上學位資格的人數有九名，佔全體十五％。

二〇〇一年全部一四八名的升職人員當中，有二十九名（二〇％）是在海外優秀大學取得博、碩士學位的人員。以二〇〇一年年末爲基準，三星集團全體員工從海外取得MBA的人員達一二九名。受過地區專門人員課程的職員也有二，二〇〇名(集團基準)。根據人才開發組K課長表示：「靠著同門高中或是相同出生地的關係提拔人才，只能說是土包子才會幹的事情。」

大衛・史提爾原來是未來策略小組內的海外策略顧問，二〇〇二年升任爲三星總公司協理補，爲外國人的首例，同時也提供五，〇〇〇股的股票選擇權給他。史提爾協理補是三星電子在韓國國內工作的六〇名外國人中，第一位成爲正式職員的人。三星電子未來對於新進人員的敍薪制度，也將擺脫以學歷爲主，而改以能力與成果爲主。

「李董事長在評價新進社員的時候，會引進S（Super）級的制度，在優秀人員的提拔上，不加任何條件限制，而是強調要勇於施行」結構本部人事組的高層關係人員表示：「在二至三年之內，我們的新進社員之間的薪資差異，也將會高達兩倍。」

李健熙董事長二〇〇二年六月五日在龍仁召開「人才策略總經理團隊的研討會」，表示「延攬優秀人才並加以培育，是經營者的基本任務。」他還說：「爲了掌握核心人才，總經理也得直接衝上前線」，充分體現培育優秀人才的決心。因此，三星現在共有一萬一千名擁有博、碩士的人員（以集團爲基準），每年並以一千名的幅度增加中。

即使如此，三星未能積極開發年輕有能力的女性人才潛力，仍然形成以男性爲主的企業文化，是未來尚待解決的課題。

三星電子全體四萬六千名職員中，女性人力有二萬一千名。其中生產職務的工作者佔一萬四千名，其他七千名分別在行銷、R&D、管理部門當中。這其中當然隱藏著不少有能力的女性人力，但女性高階主管卻只有一位。而那還是因爲通過司法考試才予以特聘的結果。

「課長以上幹部職位的女性社員，從一九九六年二十八名到二〇〇一年增至二一九名，一共增加將近八倍。」人事擔當副總經理李鉉奉說，「我們打算開設女性領導能力教育課程，有系統地培育女性高層人才。」

不容納派系的一等主義

「三星電子與其他的企業相較，並沒有特別之處。在人力結構以及事業內容中，也無法發現其特殊之處。而且目標值也設定過高，高出任何一個企業都不可能達成的目標。」

二〇〇〇年四月，在水原的三星電子尖端技術研究所有一場全體高階主管參加的會議。當時負責三星電子顧問工作的麥肯錫顧問公司首席研究員，下了這樣一個結論。這個會議，是爲了重新確認三星電子的定位。聽到這裡，坐在最前排的尹鍾龍副董事長表情開始有點繃緊。

「但是最特殊的是，三星還是將這個目標達成了。完成了客觀上看來不可能完成的目標。這是三星的不可思議（Mystery）。」最後這句話，麥肯錫將三星電子的「可能性」比喻爲「Mystery」，是帶點諷刺的語氣。一個世界最頂尖的顧問公司會下一個這樣的結論，不遑多見。

第一的執著

中國總代表李亨道對於這項「不可思議」的分析是：「這是因爲三星全體人員對於『第一』永無間斷，絕不鬆懈的執著。」他的意思是，在一個追求一流的組織中，大家爲了追求高度的工作目標，職員們自然而然就會團結一致，派系之分也自然而然地被排除了。」

三星電子正在累積這樣的事業成果與實際的經驗。一九八四年三月設立DRAM一線時，工程時間爲六個月，比美國的一年半、日本的一年少了將近一半的時間。當年二個月之後的五月，又馬上下達設立第二工廠的討論事宜。

一九九四年開始的行動電話事業，到二〇〇一年僅次於諾基亞、摩托羅拉、西門子，位居世界第四，二〇〇二年又晉升一位，成爲世界第三。這種如果不搶先就生存不下去的外部環境，也助長了三星的一等主義。

今天正在猛力衝擊三星電子的中國家電業者，是以每公斤三・五美元的方式銷售電視機。在中國，想要和這些業者競爭，並想存活下來的話，除了要瞭解競爭的方法之外，必要的成本節省也是致勝要件。

培養共同意識

三星內部的職員之間，有一些特定的專門用語。「複合化」、「業」等外人乍聽之下完全無法理解的用語，三星職員卻能輕易瞭解並意會過來。

教育是形成共同意識的方法。三星在招募新進社員的時候，不分單位一次招三〇〇名左右，然後，所有新進人員要集體生活一個月，共同接受教育課程。從清晨到晚上連續的教育課程中，透過閱讀「三星人用語」的說明手冊，以及問答題目的方式，讓新進社員自然地記下這些用語。

正式進入公司之後，到了差不多可能忘記「三星用語」的時候，次年夏天之前，相關企業公司會把所有資歷達一年的社員召集起來，舉辦三天兩夜間的集團夏季修練營。

這樣的教育目標，主要在於職員之間水平關係的建立，而非強調垂直之間關係的建立，用以加深同仁之間的同質感。

對於行爲方式有所規定，也是只有三星才有的。「合乎禮儀的行爲舉止」這些話語對三星的職員都耳熟能詳。三星職員之所以不需要上司對他們個人行爲多花心思，主要是從新入社員就要經由ROTC軍隊式文化訓練所養成的傳統。

嚴格的教育，是從前董事長李秉喆時代就開始強調的。結構調整本部出身的P協理說：「故董事長李秉喆曾經說過，要重視新進人員的教育，就得有細心照顧花圃，連花的排列都要很費心的程度。教育，關係到我們集團的未來。」

就是這樣嚴格的教育，才有所謂「三星人」(Samsuang Man) 的誕生。三星人與其他組織截然不同而又深具三星濃厚色彩的獨特文化，對於公司內部的凝聚扮演著極重要的角色。不過，也正因如此，外面也不時會聽到一些不客氣的批評，諸如：「冷酷無情、非人性化」等等。

16

脫胎換骨的全球化經營

按地域別開發不同的典型

三星電子之所以具有國際競爭力的最大理由，

是其擁有堅強而又實力雄厚的海外據點。

今天，三星電子已經以生產及銷售分公司、

分店、研究所等不同的型態進駐全球四十七個國家。

「我們銷售最好的東西」

三星電子之所以具有國際競爭力的最大理由，是其擁有堅強而又實力雄厚的海外據點。今天，三星電子已經以生產及銷售分公司、分店、研究所等不同的型態進駐全球四十七個國家。

海外據點如果能與總公司維持良好的互動關係，自然會提升事業效率。目前外界對三星的評價爲：幾乎全部的事業部門都已具備穩定的利潤結構。

三星之所以能建構出如此有效率的全球經營系統，是由先前經歷過的無數次錯誤經驗累積成的know-how。

三星的全球化策略其實可歸結爲一句話：「數位高附加價值商品的生產與銷售」。

爲了避免讓消費者有低價品牌的印象，三星甚至不肯在威名百貨（Walmart）這種通路中陳設商品。

先建構系統、後訂定營運的方針

到一九九七年金融危機之前，三星電子一直是以著重規模的成長理論來進行海外投資。

譬如說，不是光考量人工費用比較便宜就逕行投資，就是因爲競爭對手已經進入該地區就急忙跟進。

至於投資的目的，不是爲了對應貿易禁制，就是爲了降低價格進而提高競爭力。換句話說，在進軍海外市場方面，三星與其他的企業幾乎沒有差別。往往事前的相關調查與整體架構尚未完整建立之前，便急於在海外設廠。這樣以產量爲主的經營方式，最後使得庫存及應收帳款不斷增加。

至一九九七年爲止，三星平均庫存及應收帳款持有天數各爲四十一天及五十五天。當然，資金流出情況也就不可避免。

當時由於赤字情況惡化、財務危機增加，三星幾乎要陷入更大的不實經營的危機。當一九九七年韓國因爲金融危機而全國急缺美金的時候，三星電子的海外分公司卻創下了六億七千萬美元赤字虧損的紀錄。

當時海外分公司的平均自有資金比率不到十二%，根本無法正常經營。甚至有些海外據點可能損傷到總公司的競爭力。

因此三星重新定了一個結論：「回歸基本面」(Back to the basic)。首先，爲了改善財務結構，從一九九七年起以二年多的時間增資十三億美金，將自有資金比率提昇至四〇%的水準。同時也清算整理了數十家名實不符或失去投資目的的分公司。

海外支援組金鎭植部長回想起當時的情況說：「從海外市場撤手，要比進駐海外市場困難十倍以上。」經過了嘗試錯誤的經驗之後，三星電子所獲得的寶貴教訓是：海外據點如果沒法建構出具有競爭力的體制，就不能進行工廠生產或營業的階段。

一九九八年投資中國天津的顯示器工廠，投資第一年就建立了創造盈餘的基礎，投資第二年之後即開始回收投資資金。今天三星電子所有海外分公司都能締造出盈餘，都是根據相同的理由所創造出的結果。

國家整體出口金額中三星電子所佔比例 （單位：%）

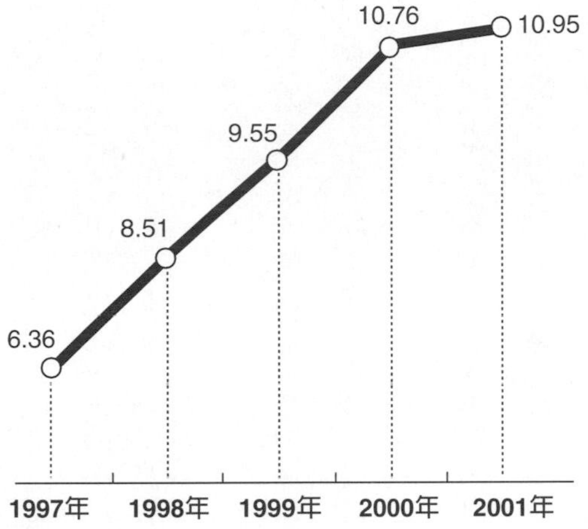

海外Network現況

生產分公司	24個
銷售分公司	34個
研究所	10個
分公司	20個
服務中心	1個

徹底的經營診斷

爲確實掌握海外據點的營運狀況，三星電子每年舉行一次以上的經營診斷。其用意是要先免除未來可能發生的任何危機。

每年的五～六月，總公司九〇多位財務相關職員會前往世界各地，進行海外據點的經營診斷工作。

每個據點派遣三位人員前往診斷，經過四～五天的診斷，嚴密地分析該據點的事業狀況。若有任何新爭議狀況發生需要集中診斷分析，則會派遣由十多人所組成的小組前往現場。

而這些診斷工作並不單只是找出缺點而已，同時也要指出尙待加強之處，提供具未來競爭力的事業發展方向。因此所謂的診斷其實近似於經營的顧問。

三星電子的每一個海外據點，都是「小型的三星電子」（Little Samsung）。無論是公司的體質或競爭力，都具有一定的實力。

分公司方面的機能，也不僅侷限於單純的生產與銷售。分公司不是隨著總公司的行銷策略銷售產品而已，它更要成爲能制訂銷售目標，並達成預期效益的經營者。

總公司的支援體制

三星電子在全世界海外分公司中建構了ERP體系。主要目的是將五十八個海外分公司的作業流程標準化，以提升分公司的經營成效。

透過ERP體系的運作，三星能即時確認全球海外分公司的所有經營狀況。坐在漢城的辦公室內，就能嚴密地確認海外分公司的銷售、物流、進出口等情況。因此能大幅加速經營的決策，總公司與海外據點間的合作關係也能更加順暢。

經營支援事業部總經理崔道錫賦予ERP的意義是：「包含海外分公司在內的ERP體系完成，讓三星電子更加確立全球化的企業形象，同時也具備轉變爲數位企業的基本要件」。

派遣到海外分公司的人員，都必須接受一套完整的教育課程。三星對分公司的總代表，也有一套教育課程。爲了讓人事調動所造成的業務損失減到最小，公司也製作各海外業務相關的指導手冊。

徹底的在地化

因爲如果無法在地化，也就無法擁有競爭力。

中國的威海市內有條「三星路」，這是山東省政府將三星分公司附近一公里處的道路所取的路名。

直到二〇五一年爲止的五〇年期間，除了使用「三星路」的道路名稱，三星也可以在路上豎立廣告看板。這是三星成功地與當地人民融爲一體的一個實例。

中國政府以外國企業來爲道路命名，是相當罕見的。對於這一點，三星電子的說明是：這是中國當局爲報答三星在該地區設立印表機工廠所表達的善意。

李健熙董事長曾對電子事業部的諸位總經理下了個指示：「我們一方面要努力提高公司的競爭力，一方面也要積極開發當地地區所需要的事業」，在這之後，三星就確立了進軍海外部門追求雙贏（win-win）的策略。

視野寬廣及深思熟慮，正是李健熙的全球化經營策略。一九九五年英國威恩雅綜合工業園區的竣工典禮中，還邀請英國女王伊莉莎白二世出席參加。換言之，三星的海外投資事業往往成爲當地國家、人民所關心的焦點。

爲了在急速變化的經營環境中生存及發展，三星未來打算在加強全球化事業競爭力的體系上，投注更多心力。

在聘用當地人員方面，三星爲了挑選最符合自己所需的優秀人才頗費心思。三星將當地聘用的人員分爲A、B、C、D四個等級。其中被分爲C、D級的當地人員，是有待加強的對象。

三星的原則是：躋身當地分公司，在公司遇到經營困難的時候卻沒法發揮什麼貢獻的人，就得另謀出路。三星追求最優秀人才的第一主義，即使在海外也徹底實行。

海外市場的成功秘訣——按地域別開發不同的典型

三星電子針對海外不同地區，有不同的市場進駐方案。

海外市場策略的基本哲學，就是要建立當地消費者喜好的高價位品牌形象，並建立中長期的盈利基礎。換句話說，不管是總公司還是海外據點的產品，只要掛著三星的品牌，就不能隨便擾亂價格來銷售。

在美國市場，三星爲了建立起數位電視、TFT—LCD 顯示器、行動電話等高價品牌，因此採取十分開放又活潑的行銷策略。

同時，透過與 Best Buy、Sears、Circuit City 等大型量販店的合作，開創出另一種銷售管道。

「三星品牌的形象目前正逐漸在美國紮根」一位相關人士表示，「我們打算繼續推出採用創新技術與設計的新產品。」

二〇〇一年，三星的美國市場銷售比重裡，有四十九％是數位製品，他們計劃在二〇〇二年把這個比重提升至六十八％。另外，他們打算把DVD、HDTV、TFT—LCD顯示器、行動電話在美國的市場佔有率，拉抬到十％以上。

有關歐洲市場的攻略，三星也計劃採取下一波的攻勢。

數位媒體事業部總經理陳大濟計劃在二〇〇五年以前，將歐洲地區的銷售額提高到一五〇億美金。該項計畫同時包含了以高速無線上網的掌上型電腦等最新產品攻佔歐洲市場的策略。

爲了攻佔歐洲市場，三星另外還有些多元化的方案，譬如，將針對歐洲人士的喜好，開發特別型式的產品。

在中國，則以筆記型電腦、TFT-LCD顯示器、投影電視（Projection TV）、雷射印表機、數位攝影機等五項數位產品爲中心，展開行銷活動。與其他競爭對手不同的是，三星在中國格外注重產品售後服務，而這點也廣受好評。

在日本，三星則以液晶電視等高附加價值的產品來引起消費者的注意。與在中國所強調的中低價格不同，在日本改採高價位的策略，這是其差異化策略的主要方針。三星一方面根據不同地域訂有不同的市場策略，另一方面還依據不同產品搭配不一樣的銷售策略。

以冷氣機的情況來看，三星將由單一產品爲主的家用冷氣出口，改爲擴大銷售商業用系統冷氣。他們計劃階段性地增加這類產品的出口比重，最後以系統冷氣機佔全體冷氣機出口一半以上爲目標。

對於三星電子而言，地球村的每一處都是一個開放的市場。因爲擁有半導體、通訊等多樣化的電子製品，所以比其他競爭業者更具進攻海外市場的優越性。這也是三星電子的最大優勢。

目前三星在海外生產的比重雖只有三分之一，未來將增至一半。這也意味著，三星將使他們的生產與銷售體系更能具現一個全球化企業的形象。

17
頂尖的策略性夥伴

與世界最強的第一流企業相互合作，以成爲新的第一。

三星電子的策略性合作，堅持絕對不排他的原則。

這是爲了不造成與一方合作，卻牽絆住其他事業與第三者合作的原因。

和各個領域最頂尖的業者都進行合作，正是三星電子的策略。

與國際企業攜手創造雙贏

二〇〇一年，尹鍾龍副董事長看到一篇名爲〈三星電子將會領先新力〉的新聞報導後，對相關人員大聲斥責：「絕對禁止發表任何刺激新力的言論」。事後與出井伸之董事長等新力高層人士會面時，尹鍾龍指名發言不當的幹部直接向新力方面致歉。

尹鍾龍強調：「我們未來和新力合作的機會還很多，絕對不能爲了一時的宣傳而去刺激對方。」三星電子對於和其他企業攜手合作之重視，由此可見一斑。

三星電子的發展史，說是一部協力合作的歷史，也不爲過。

故事從一九六九年，三星與日本三洋電機共同合資設立的電子產業開始。

三星電機與日本三洋、三星SDI與NEC、三星Corning與美國Corning公司都分別締結策略性的合作關係。DRAM、行動電話等主要事業的關鍵時刻，也都有美國與日本等業者的協力演出。這些大大小小的合作與技術協助，讓三星克服了起步較晚的不利之處。

三星電子新的金牛事業行動電話之成功，是因爲和擁有CDMA行動電話晶片技術的美國通訊用半導體公司奎康（Qualcom）技術合作。

一九九〇年代初期，當歐洲的GSM（全球行動電話系統）行動電話席捲全球市場的時候，奎康公司正苦苦等待有人開發CDMA（分碼多重存取）行動電話以及相關裝備。他們希望有人能掌握市場開拓期的機先，又能製造出品質值得信賴的產品。

三星不惜風險，積極進行CDMA事業，最先在市場上推出符合奎康期待水準的CDMA行動電話。結果，CDMA行動電話在市場上佔了一席之地，奎康也奠定了一個世界性企業的基礎。

三星電子以此爲踏板，自一九九四年開始將行動電話出口到美國，以不到十年的時間，成爲世界知名的行動電話代表業者。而三星電子和奎康的關係，唇齒相依。

三星電子也和其他業者一樣，要繳五%的專利版權稅給奎康，但只要奎康一研發出新的晶片，就會即刻交付給三星。正因如此，三星才能有領導整個市場的機會。每當三星電子這個CDMA行動電話業界之首的公司推出新產品時，奎康的營收也就能同時增加。這即是「Win-Win」雙贏策略的代表實例。

Rambus DRAM 的情形，也能足以說明三星電子實用性的合作策略。美國 Rambus

公司以其獨創的高難度技術，取得廣範圍的專利權，二〇〇〇年進而向DRAM相關業者要求支付權利金。英飛凌、美光、Hynix等競爭業者，因不同意Rambus所提出的要求，進而對其提出訴訟。

三星電子也準備要每年固定支付一五〇〇萬美元、三年四五〇〇萬美元的訴訟費用來打官司的時候，卻改變策略，寧願選擇支付權利金，和對方和解。

如此一來，三星幾乎成了Rambus的救世主。而三星當然也就能在超高速的Rambus DRAM事業裡，獲得Rambus的積極協助。

何況，到二〇〇一年Rambus在與英飛凌的訴訟中敗訴之後，三星電子也不需要再支付Rambus任何權利金了。

三星電子和英特爾也有策略性的合作關係，在可以支援Pentium 4 CPU的Rambus DRAM設備與資金上獲得協助。今天三星電子盤據了Rambus DRAM市場五〇%～七〇%的佔有率，締造了二十億美金以上營業額，獲利逾五億美金的紀錄。

三星董事長李健熙也曾經強調：

「如果付出一億韓圜就能以一週時間獲得的技術，硬要投入十億、二十億韓圜還必須經過三～五年來開發，那是一種浪費。付五%的技術費用沒關係，只要能獲得know-how，締造十%的利益就可以了。」

三星甚至也不排斥與敵人共枕。爲了通訊用非記憶體半導體事業，三星從同是行動電話業者的易利信引進藍芽核心技術；三星也將兼具資訊終端機功能的新一代行動電話中所使用的DRAM，供應給諾基亞。

另一方面，目前許多與三星合作的業者，其主要領域也都是三星未來即將挑戰的事業方向。英特爾所掌握的CPU、奎康的通訊用半導體等。這些「伙伴」也都將是爭奪最高寶座的競爭對手。

因此，三星電子的策略性合作，堅持絕對不排他的原則。這是爲了不造成與一方合作，卻牽絆住其他事業與第三者合作的原因。和各個領域最頂尖的業者都進行合作，正是三星電子的策略。三星經營企畫組組長金鉉德專務介紹三星的策略時，這麼說道：「與世界最強的第一流企業相互合作，以成爲新的第一。」

過去的企業合作，很多是爲了彼此的互補，但是今天的世界已經改變，是一個只有名列第一第二的企業才得以生存的局面，也因此，這第一名和第二名的企業不能不進行一些合作，進一步改善自己的生存條件。

三星電子由於事業範圍廣闊，包含家電、數位媒體、通訊、半導體等全方位領域，因此與許多業者都建立合作關係。促進合作，一方面是爲了強化各事業部門既有的事業競爭力，也爲了強化三星未來的事業發展。

三星從五年前開始，就和日本新力探討企業的經營策略。一年舉辦兩次的高層會面，由尹鍾龍副董事長與出井伸之董事長會同總經理團隊，共同會面協商。他們討論五～十年後的事業展望、經營環境的變化、技術預測等議題，也共同討論策略方向。

二〇〇二年，是三星第十七年與東芝、NEC、夏普等最高科技產業經營者進行交流會議。在交流會議中，討論各事業的想法，各企業的幹部與實務團隊也當面討論細部方案。

與美國線上時代華納公司的策略合作，是因應未來發展的廣泛合作之一。美國線上時代華納是擁有美國國內網際網路服務網及電影內容的國際企業，具有三星電子所沒有的優勢。目前他們正進行與美國線上時代華納結合三星電子產品與技術的合作計劃。

最近三星電子接到國際企業合作的邀請逐漸增加。

微軟與IBM就各以dot-net、grid等「無所不在的網路」（Ubiquitous Network）事業邀請三星電子參與合作。這一項事業不只是家庭網路、辦公網路、行動網路等，更進一步超越空間或方式的限制，是一項能結合各種資訊設備的新一代網路事業。找三星合作的理由無他，正因三星電子擁有數位聚合所必要的所有事業領域。

到一九九〇年代初期爲止，其他先進業者仍忽視的三星電子，如今則與昔日大不相同。

海外的視野－世界一流的技術、經營策略

二〇〇二年七月初，哥倫比亞電影公司的電影《蜘蛛人》正式上演。電影裡有一景是紐約曼哈頓時代廣場。原先懸掛在一棟建築物壁面上的三星電子招牌廣告，這部電影裡差點看不到。開始的時候，電影裡面把原來是三星電子招牌的位置，換成了「USA TODAY」的看板。

哥倫比亞的大股東是日本的新力。新力認爲沒有替競爭對手打廣告的必要，因此經由影像處理換掉了三星電子的招牌。後來是因爲受到那棟建築物主人的抗議，才又將影

像畫面恢復原狀。新力對三星電子的注意程度，由此可知。

根據國外分析師的判斷，新力絕不會就此「收手」。美國一位有名的證券分析師杜頓就指出：「誰也不能再把三星電子視爲模仿別人的企業了。」

野村證券分析師柴史郎氏更指出：「三星電子深諳如何有效使用資金，製造技術也比夏普、日立更爲優秀。日本企業和三星電子之間的競爭，早在兩年前就中斷了。」

不管是外國分析師或是經濟學者，今天對三星電子的評價與幾年前完全不同。以前三星電子總被認爲是生產廉價商品，或只是生產DRAM的公司而已。但三星電子在韓國IMF金融危機的衝擊下，仍能持續推出行動電話、數位產品、家電等具有競爭性的商品，一改全球對三星的印象。

美國 Sprint PCS Group 副總經理約翰・加勒西亞說：「今天，三星電子是以他們優越的設計與產品機能，在無線事業中大獲成功。而以前，許多人認爲三星電子只是製造廉價微波爐的公司，我也是其中之一。」

外國人認爲：三星的優勢，在於其獨特的精密性，以及李健熙董事長的經營哲學。

法國 Seric- Corée 公司的總經理菲利浦・德夏堡拉魯則指出：「三星最高經營團隊所擁有的能力固然很了不起，但能以長遠眼光制定精密的策略，才是與其他企業最大的不同。」

美國 UBS Warburg 證券漢城分公司總經理李察・撒姆遜，認爲三星最厲害的是：「李健熙董事長雖然具有了不起的影響力，但是他卻能退於幕後，將經營交給專家。」

三星電子的成功，正說明是李健熙董事長的領導才能與經營團隊的專業，雙贏所致。但隨著一個企業的日漸強盛，同時也會浮現隱憂。

美國 UBS Warburg 證券分析師杜頓指出：「三星在如此蓬勃成長之際，不免因自信而產生驕傲」。事實上，三星也曾有過傲慢的切身之痛。

一九九五年與史蒂芬史匹柏試圖合作電影事業卻失敗了。史匹柏在協商決裂後曾表示：「三星的人員不適合電影，只適合研發半導體。」

而企業接班人的問題也是另一個矚目的焦點。

美國商會所在韓國的會長傑菲利・瓊斯指出：「李在鎔先生是否能成爲優秀的經營者，還需要一段時間來證明。」

他是說，李健熙董事長的兒子李在鎔，現在已經到了要證明他經營能力的時候了。

18

全方位廣宣

塑造三星電子的尖端技術形象

大部分的輿論調查結果，仍然會把三星評爲
「韓國最好的企業」、「最想進入的企業公司」、
李健熙董事長是「企業界第一名的經營者」等。
這是除了實際的成績之外，社會大衆
在另一個層面對三星的「感受」如此。
三星對外溝通與廣宣努力之大，由此可見一斑。

沒有槍聲的廣宣之戰

韓國國內第一的大企業——三星，在衆多的期待讚許下，偶爾不免也會聽到一些批判的聲音，但大部分的輿論調查結果，仍然會把三星評爲「韓國最好的企業」、「最想進入的企業公司」、李健熙董事長是「企業界第一名的經營者」等。

這是除了實際的成績之外，社會大衆在另一個層面對三星的「感受」如此。

三星對外溝通與廣宣努力之大，由此可見一斑。

以三星電子爲代表的三星集團，公關、廣宣能力之出衆，是他們衆多卓越競爭力之一。

三星的公關部門的任務，除了媒體廣宣與廣告之外，還要提升公司的形象，更要迅速因應外部環境的變化，安全地維護公司的經營活動。

從前任的李秉喆董事長到現任的李健熙董事長，三星一直將公關列爲企業經營的重要元素，一九七〇後半年也開始於秘書室中設立公關組。(全國經濟人聯合會的孫炳斗副會長曾任該組組長)。

而具體發展是從董事長李健熙一九八〇年擔任副董事長的時期開始。

李董事長確信：「一個企業如果不能得到顧客及大衆的信賴與愛護，就無法生存」。他並指出：「要博取國人的好感，就得靠溝通與廣宣，而這也正是決定企業生死存亡的核心經營本領」，於是公關組在各子公司開始發展起來。尤其是當一九八〇年韓國廢除言論管制後，三星吸收了輿論界的相關人士，開始建構公關組組織系統。

當時三星集團將三星電子視爲未來的核心事業，其商品將會與顧客接觸最多，因此三星電子首先在集團內形成獨立的公關組，站上三星集團與顧客接觸的第一線。

一九八一年，由曾經在《中央日報》工作過的李淳東擔任這個部門的課長（現任結構調整本部副總經理），再加上曾經在TBC（東洋放送）服務過的吳興鎭（現爲三星物產協理）等人的努力，三星電子的公關部門得以確立，擔任裡裡外外的廣宣工作。

與金星的攻防戰

在三星電子的成長史中，不能漏掉初期與金星之間激烈的技術競爭，以及爲此而展開的廣宣戰爭。

當時的廣宣戰彷彿是諜對諜之戰，透過徹底的保安以及情報吸收，延續一場又一場的戰爭。

一旦得知三星新產品發表會的日期，金星就會趕在之前發表新產品；反之，亦然。當時這兩家公司一直要較量到最後的經營報告書的故事，在韓國企業界膾炙人口。兩家公司爲了打探對方公佈的經營數字，有時候甚至會撐到申報期限截止之後。一旦掌握到對方的經營數字，會立刻調整一些數字，設法把營業額衝得更高。

爲了占到上風，當時的廣宣戰激烈至此。

從三星的立場來看，正因爲這段時間擁有一個強勁的競爭對手金星，在寸土不讓的競爭之中，鍛鍊出了日後可以和國際企業相較量的基礎實力。

一九七〇年代金星公司、大韓電線、三星電子；一九八〇年代三星電子、金星、大宇電子；一九九〇年代除了韓國家電三大公司之外，摩托羅拉、新力、Panasonic 等外國企業也加入了激烈的競爭行列。

與這些對手的廣宣戰，可說是三星電子發展史的縮影版。

一九八〇年代初期，韓國國內家電市場，是由金星及大韓電線分佔第一、二名。

三星電子爲了吸引消費者的注意，並且統合公司內部力量，激勵員工士氣，這個時期的廣宣策略是取得與領先業者同等的市場地位。

三星透過以「星星之間的戰爭」及「宿命的對戰」爲名的廣宣素材，吸引輿論及消費者的注意。在早期金星席捲大部分市場的情況下，三星成功地發佈與金星社不相上下的新聞量。

家電業界彩色電視、VCR、洗衣機、電磁爐等的銷售競爭之激烈，稱得上是一場名副其實的戰爭，而這些公司之間的廣宣戰，也成了韓國媒體開始正式報導企業新聞的一個契機。

一九八〇年中期，這些公司之間的廣宣戰也十分有趣。「金星是技術的象徵」、「三星電子是尖端技術的象徵」、「最尖端的技術」、「超一流的技術」等等口號，持續地進行攻防戰。

新產品經常會加上「世界第一」、「國內第一」等形容詞。產品在正式量產之前，也往往爲了競爭先舉辦發表會，集中火力來廣宣尖端產品的形象。

然而由於三星起步晚了十年，加上金星早期在家電市場上擁有的絕對優勢，因此三星有一段時間的品牌形象落於金星之後。

一九八六年，韓國舉辦亞運，第一次正式站上國際性的舞台。這一年，三星把企業口號定爲「與人類共同呼吸的人性科技（Human Tech）」。以電腦繪圖畫出具有人工智能的尖端技術機器人，擔任主角拍成的企業廣告，爲韓國國內所首見，不但引起熱烈反應，也是當時任何一家廠商都無法模仿的作品。在當時社會大衆已經爲科技對人性可能產生的弊端而擔心之際，三星打出「Human Tech」，是「爲了人類的技術」，成功地建立爲人類福祉設想的尖端技術業者的形象。

電子業界的技術廣宣戰進入一九九〇年代後，三星電子出現了壓倒性的勝利。這是因爲三星陸續開發出 64KB、256MB DRAM 半導體，受到全球矚目而開始的。全球最先開發出半導體的廣宣素材，加強了三星電子的尖端技術形象，而利用這些素材的廣宣策略也達到極佳的效果。

以奧運贊助廠商，建立國際品牌形象

三星開始進入行動電話市場的那一年，是一九九五年，正是摩托羅拉仍然佔據大半市場的時候。那年，三星推出「Anycall」品牌，並以「最適合韓國地形收訊的機種」的行銷概念進軍市場。到一九九七年轉換成數位行動電話時，「三星 Anycall」已經成爲韓國國內行動電話市場的代表性產品了。

從二〇〇〇年開始，三星行動電話在海外也成爲世界頂尖的產品，同時成爲韓國出口歷史上附加價值最高的出口商品。這全是藉由奧運的光芒，成功提昇品牌形象的結果。

奧運是運動行銷的重頭戲。想要成爲奧運贊助廠商的國際競爭對手，早已介入其中，後來的三星想加入，看來是不可能的。

不過，一九九七年李健熙董事擔任ＩＯＣ委員，爲三星成爲奧運贊助商開啓契機，然後新增了一個無線通訊的贊助領域，打開三星加入贊助商的道路。

媒體界人士都認爲，如果要選出一些對新聞報導最敏銳的公司，三星一定名列前茅。

三星的立場，正好呼應李健熙董事長的廣宣哲學。即使是小篇的新聞報導，也要正確地反應事實，好好地傳達公司的理念，這樣才能贏得大衆的信賴和好感，而這也是企業生存的基礎要件。

三星方面將此形容爲：「這是我們重視顧客，充分敬畏每個同時身爲讀者的國民的經營表現。」

三星的結構本部與關係企業各有其公關組。集團整體的廣宣由集團公關組負責，與產品或與公司直接相關的事情，則由相關企業公司負責處理。對外的發言與行動，口徑統一，一絲不亂。

如果有錯誤報導的情形，則明確找出該負責的部門，然後前往新聞媒體拜會，積極說明、解釋。

登記有案並固定出入三星電子的國內新聞媒體記者，最少也有二〇〇多名。最近由於三星備受矚目，連國外媒體的記者合併起來的話，記者人數多到難以統計。

韓國每天的媒體報導中，三星是所有企業出現次數最多的。到目前爲止，還沒有哪天沒出現與三星電子有關的報導。

三星電子的公關組是韓國國內企業中最大規模的（約有七〇名），他們以輿論相關業務爲主要工作，公司內的廣宣（廣播、出版刊物）、海外廣宣、企業廣告、運動行銷、展覽會、回饋社會等不同的活動進行公司的行銷廣宣工作。

三星支援「世界網路遊戲大賽」的單位，也設在廣宣組之內，將主力放在網路的廣宣上。

這個單位的負責人張一炯專務，是出自商工部的精英官員，爲了處理奧運贊助商等運動行銷事宜，經常出差國外好個月的時間。二〇〇二年他爲了檢討釜山亞運的運動行銷策略是否有缺疏，忙到連闔眼的時間也沒有。另外，擔任廣宣的金光泰協理則是來自三星債券，是具有三星二十年以上從業經驗的老手。

19

尙待解決的課題

核心技術、人才來源、繼承者

現在，半導體、情報通訊、
數位媒體及家電等事業，各有各的確保收益。
在半導體方面對英特爾、行動電話對諾基亞，
數位媒體與家電對新力，
三星電子雖然在挑戰這些業界的龍頭老大，
但是今天要說已經成功，卻還爲時尙早。

開發創新技術的要求

二〇〇二年四月十九日，李健熙董事長在關係企業總經理會議中發表了一段以下的談話：

我們知道，一般噴射機的速度大約是〇．九馬赫，比音速稍慢。但是想要把速度增加到音速的二倍，可不是把引擎的力量加強二倍就辦得到。我們一定要把材料工學、基礎物理、化學等所有相關原理及材料全盤改變，才能造得出超音速噴射機。正如同爲了要超越馬赫而必須改變全部材料一樣，現在我們如果不改變整體的思考方式，很快就會從一個領先者淪落成落後者。

想要成爲世界超一流企業，滿足於一時的成果是不夠的。三星電子雖然在一九九九年之後的三年時間裡締造了十二兆韓圜的淨利，但光靠這一點，並不足以說他們就已經是世界超一流的企業了。

今天處於瞬息萬變的時代，經營得好好的企業，不過因爲一次錯誤判斷而導致企業生存危機的情形，所在多有。

曾經高踞類比時代業界王座的新力，曾經表白：「我們錯失了網路時代。」長期被大家公認爲完美企業代表的奇異電子和諾基亞，也不過因爲幾個月的時間就成爲攻擊批評的對象。同樣的，三星電子未來將在何時面對何種環境的變化，今天也在未知之天。

根據專家們一致的意見：三星如果想躋身超一流企業之列，必須掌握一種足以創造或主導一個產業的核心技術。

英特爾及微軟分別以CPU與OS領域的特有技術，開啓了個人電腦時代。某位顧問業界的代表曾經指出：「三星電子引進核心技術，將其充分運用的本領，令人讚嘆。但是等哪一天中國也會了這一套之後，三星要靠什麼維持下去呢？」

「儘管記憶體與彩色電視不是我們發明的，但我們卻能快速地追隨，建立成功的事業。」三星電子數位媒體暨網路事業部總經理陳大濟也說：「但是將來，我們要成爲主導產業，或者是創造產業的公司。」

核心技術、人才來源、繼承者

爲了領導產業，如何擺脫特定國家的企業形象，更進一步提升爲全球化企業，也是三星的主要課題。有人就指出：三星想要發揮領導產業的角色的話，必須先打進領導產業的國際主要的CEO社群網。

某家顧問業代表表示：「三星電子的CEO，雖然在韓國國內企業中表現很出色，但是在世界市場上活動的曝光率則明顯有所不足。海外有什麼研討會議，經常只是派遣職員去取一些資料回來。眞要領先別人的話，就得領先別人認識一些世界級的人物，領先別人讀一些書，而韓國國內的CEO在這方面英語能力不足，相關知識也不足。」因此也有人表示三星應該更果敢地聘用一些外籍人士。

三星電子到二〇〇二年初，才第一次公布聘用外國人史提爾爲總公司高階管理階層的人事命令。過去在海外延攬人才的時候，大部分是以韓僑或韓裔的人才爲主。如此延攬的人才來源，必定有限。

事業的重新調整，不是容易辦到的。

李健熙董事長曾經說：「對於行不通的事還要硬拗到底，這是企業出現不實經營的起源。」

現在，半導體、情報通訊、數位媒體及家電等事業，各有各的確保收益。

在半導體方面對英特爾、行動電話對諾基亞，數位媒體與家電對新力，三星電子雖然在挑戰這些業界的龍頭老大，但是今天要說已經成功，卻還爲時尙早。

以日本企業的情形來看，他們儘管技術能力優異，品牌價值高，但卻因錯過了調整事業結構的時機，陷入長期的困境。

三星電子的情況，雖然目前正在把各種產品進行融合化與網路化，以因應數位聚合時代的來臨，但是成果還沒有被市場所肯定。

李健熙董事長由於總是能提出願景，也總是能果斷地作出投資決策，因而他的領導能力在三星電子的競爭力中發揮極大的作用。在外國人持股率超過五〇％的狀況下，李健熙仍然以企業的所有者姿態來經營三星，也遭到很多批評，但是李健熙卻透過經營的成果，平息了批評的聲浪。

不過，繼李健熙之後，他的兒子李在鎔協理補是否也能像他那樣發揮一個董事長的領導能力，在市場上獲得對他經營者角色的肯定，也是三星電子未來的核心課題之一。

三星方面對於李在鎔的看法是：「正在學習經營當中，還需要更長的時間」，因而「這段期間仍需要李健熙董事長更多的教導。」

在二〇〇一年一整年的時間裡，李在鎔花了將近一〇〇天的時間在海外工作現場。加入經營陣容之後，從二〇〇一年五月開始，他巡視了三星海外廠房中的巴西麻拿烏斯工廠、馬來西亞芙蓉州電子綜合園區、歐洲、俄羅斯及烏克蘭廠房、印尼電子綜合園區等。二〇〇二年二月，李在鎔與李健熙董事長同行前往鹽湖城冬季奧運會場，順道也訪問了位於墨西哥的電子綜合園區。

李在鎔也透過和一些知名人士的個別面談或拜會，鑽研全球化的經營感覺。其中包括奇異公司董事長伊梅特（Jeffrey R. Immelt）、東芝董事長西室泰三等國際知名企業人，以及中共總理朱鎔基、國際奧運委員會主席羅格（Jacques Rogge）、未來學者艾文・托佛勒（Alvin Toffler）等人。三星方面除了讓李在鎔從李健熙董事長身上徹底學習經營之外，同時也藉由結構調整本部部長李鶴洙、三星電子副董事長尹鍾龍、陳大濟總經理、黃永基總經理等堅強的經營團隊中學習未來技術的發展、專業金融知識等，對於集團整體經營有更廣闊的認識。

回顧過去，三星持續引入優秀人才、成果獎勵制度、經常性調整企業結構等先進的經營技巧。同時也強調對公司的忠誠度、組織與業務的優先主義、部屬間合作等東方傳統企業文化。

然而在西方企業文化影響之下，也產生了對公司的忠誠度降低、因注重個人表現而減弱企業整體組織力等現象。

要解決這些企業文化中的衝突與矛盾，而創造出「三星企業文化」，不是件容易的事。三星電子明瞭身爲韓國企業的種種界限。

即使在全球市場中獲得再高的評價，三星仍然無法取得韓國國家信用等級以上的信用等級；不管三星的經營成果有多麼傑出，股價總是比不上海外的競爭業者。

像最近，韓國企業經常被混亂的政治局面波及，也是減低三星競爭力的要因。另一方面，隨著三星在韓國國內經濟占有的比重日益增加，也有許多人批評這種經濟力過於集中的現象。

我的觀點

大宇證券企業分析部長　金炳瑞

說起三星的優點，最亮眼的就是他們絕妙的組織調整與時機的把握。如果相信企業的生命週期是三十年，那麼三星是早在一九九九年就應該消失的公司。經過一九九八、一九九九年，三星無聲無息地減少二〇%的從業人員，完成大規模的組織調整。換句話說，今天全球ＩＴ業者在手忙腳亂的事情，三星在三年前就處理了。結果，現在的三星所擁有的，不只是極爲充沛的資金，更重要的是成爲一個剛滿三歲，新誕生的超優良綜合電子製造企業了。三星的事業結構，是半導體、通訊、數位情報家電的黃金組合。如此的事業結構，對於ＩＴ景氣變化的緩衝力，確實和全球其他單一商品的企業有所差異。

三星最高經營者的慧眼與經營策略也不可忽視。三星的經營模式，是日本式的精神和美國式的實務理念，相互結合成的韓國特有典型。從一流大學到地方大學，三星全面網羅，創造像是水泥建築物般，一次做好就能行之百年的組織。直到不久之前，三星電子的最高經營者都有一個心理準備：如果半導體景氣跌到谷底的時候，他們就要讓出自己的位置。而美國半導體公司的ＣＥＯ，則是在不景氣的時候，爲了準備下一波的景氣好轉，仍然會保有十～十五年的職位。然而，到二〇〇一年，即使半導體面臨了八十五年以來最惡劣的景氣，三星電子還是並沒有撤換最高經營者，到二〇〇二年，則可以預期再創最高淨利的紀錄。換句話說，三星的經營哲學成熟了許多。技術一流主義，也對他們產生自我強化的作用。三星雖然從廉價家電產品起家，卻在半導體產業成功地創造世界一流的商品，終於登上了世界一流企業之列。

我的觀點

Meritz證券產業研究委員　崔錫布

三星電子賺大錢，公司經營也漸漸好轉。但還不能說是十全十美。還有許多有待改善的缺點。三星電子的技術力雖然是世界水準，但他們是否果眞擁有獨創的技術，卻是個需要深思的課題。三星沒有開發過可以生產出過去從沒有過的產品的技術，也不曾開發出新概念的商品來證明他們的競爭力。換句話說，從核心技術層面來看，三星仍落後於先進企業。從他們一年要支付二，〇〇〇億韓圜以上的權利金來看，就可以說明這一點。最近雖然常有人拿三星電子和新力比較，但三星是否眞能超越新力，仍是未定之天。在經營系統層面上，三星穩固的組織能力與堅實性，是其他企業難以追趕的。但是，克服風險，贏得勝利的積極性則比較差。三星雖然擁有鉅大的盈餘資金，但是欠缺從長期著眼點來購併其他具備核心力量企業的企圖心。一九九〇年代的幾次失敗經歷，似乎依然存在著心理陰影。三星要重新塑造與過去不同的企業文化，也是一大挑戰。

三星最大的優勢之一，便是員工們的忠誠度。但不可否認的，經過ＩＭＦ與組織調整，忠誠度變弱不少。雖然這不只是三星電子的問題，但從受薪階級明顯表現出能力極限的現象上，應該要準備好方法讓員工多樣化充實。儘管如此，今天已經無法否認三星電子業已成爲世界水準的企業。衷心期望三星電子能在內力修爲上再進一步，重新改寫韓國企業史。

第三卷

展望

層峰眼中的現在及未來

李健熙　董事長

「廿一世紀是超競爭(mega competition)的時代，
成敗將取決於保有多少個全球第一的事業。」

「如果說廿世紀是經濟競爭的時代，那麼廿一世紀即將是頭腦競爭的時代。」三星董事長李健熙，在二〇〇二年五月十五日接受《韓國經濟新聞》獨家採訪時表示，「三星要極力延攬不分任何國籍，各個領域的優秀人才。」

自一九九五年以後，首次在國內外新聞媒體前曝光，接受《韓國經濟新聞》獨家專訪的李健熙表示，「未來國家或企業之間的國際競爭，最終都將取決於人力資源的素質。」「國家競爭力取決於保有多少個全球第一的事業，」李健熙在訪談中強調，「我們的國家如果也出現十多個國際性大企業的話，情況一定和現在大不相同。」

他並指出：「今天三星雖然擁有十多個全球第一的產品，還是無法預期產業結構會變得如何。」所以，「我們經常苦惱五～十年後要靠什麼過活，也要求所有的CEO要為迎接未來及早做好準備。」

對於最近包括子公司在內的三星電子之屢創佳績，李健熙則如此說明，「國人全都經歷過IMF金融危機的痛苦，三星也是透過紮實的結構調整，才能奠定收益基礎，」因此，「是經過百般的努力才有今天的成果。」

我們對於三星電子之為何強盛，提出了許多觀點。李董事長認為的又是什麼呢？

首先感謝《韓國經濟新聞》對於三星電子的分析與關心。雖然，這段期間受到許多稱讚，但三星要想成爲眞正一流的企業，還有許多不足的地方。非要談到優點不可的話，三星電子有零組件事業、數位、家電、通訊事業的均衡發展，這是世界少有的，是這些事業部合作無間，完善地運作公司系統。另外，三星還擁有可因應外部變化、快速判斷、採取行動、解讀潮流與變化的經營者，這是另一項優勢。但是，我覺得最重要的，莫過於同仁自動自發地爲公司奉獻心力，以及他們自由的思考方式。或許這是其他企業很難模仿的一點。

有人說：「工程師的李健熙當董事長，才有今天的三星電子」，您對這番話有何感想？

三星能有今天，我想是因爲有技術能力作爲後盾。雖然今天我們和數得上名的世界一流企業之間都共同開發技術也共同行銷，但是在早期，別說是技術指導，就連花錢買技術都很不容易。再加上，當時我們韓國的經營者總認爲技術者只是個技術匠，並不怎麼放在眼裡。我只好站出來，就像對待客戶一樣，誠懇地向日本或美國的技術者一點一點地請教。幸好，我從小就對新事物充滿好奇，喜歡追根究柢，所以一直很期待聽到新的技術、好的技術。只要一有空，就會到先進的國家學習，向技術人員請教，再傳授給我們的技術人員。另一方面，我們經營者應該要重視技術，而技術人員也不能只知道技術，還要了解經營，才能根植技術經營的概念。這樣歷經十多年之後，上至經營者下至現場員工才總算了解技術的重要，進而自動自發地努力研究開發、改善製程，似乎也有了可以追趕一流水準的技術能力。

李董事長每當經濟即將面臨困難時，都能適時以經濟話題，向整個社會拉起警報：在一九九三年提出「要改變才能存活」、「擴大社會基礎建設」；一九九八年提出「結構調整」，二〇〇一年提出「小強國」，二〇〇二年則提出「預備未來」，因此，有「最擔心國家經濟的經營者」的稱號，對此，您有什麼看法？

雖然國防也很重要，但現在國家的力量取決於經濟力。廿一世紀是超競爭（mega competition）的時代，成敗將取決於保有多少個全球第一的事業。因此，爲了讓我們的國家早日打進先進國家之列，就得有比現在更多具備世界競爭水準的企業才行。這也是說，爲了出現更多全球第一的事業，我們要思考整個社會需要具備什麼條件，該怎麼樣推動等等。雖然把三星做好也很重要，但最好是我們所有的企業都是第一等企業。企業做得好，出口增加、就業機會擴大，國家經濟活絡化，國人才能全部受惠。

就像諾基亞養活芬蘭一樣，我們的國家如果也出現十多個國際性大企業的話，情況一定和現在大不相同。因此，我強調「重視質的新經營」、「爲求生存的構造調整」、「以小強國爲指標」、「應對未來的準備經營」等，正是要拜託我們的同仁具有這樣的責任和使命感。

您曾經在法蘭克福宣示「除了自己的老婆以外，全都要更新」，那您對三星今天的面貌感到滿意嗎？

之前IMF金融危機讓國人與企業吃足了苦頭，三星也不例外。所有的人爲了養家活口努力不懈，三星也是腳踏實地調整結構，業績才逐漸好轉，收益基礎也才慢慢穩定。當時我的心理是：廿一世紀即將到來，在世紀末的變化當中，要推動具有危機意識的新經營；原地踏步，則只會讓三星淪落到二流、三流的企業，所以我一直用很嚴肅的態度，來強調變化。而今天，可能只是顯現了這段時間所努力的成果。不過，就像發射人造衛星的時候，要經過一階段、兩階段地脫落引擎之後才能通過大氣層，三星要眞正成爲國際一流企業的話，我想還要再以先前改革經營時的心態，再進行一次另一階段的變革。

迎接數位聚合時代，您心中最主要的想法是什麼？

廿一世紀不斷在變，幾乎和廿世紀以前的變化無法比較，其中之一，就是從類比轉換成數位。數位時代和類比時代不同，從政治、經濟、社會各方面來說，所有的一切都從根本開始發生急劇的變化。特別是就企業而言，技術和產業將合而爲一，產生出截然不同的另一個技術和產業。如此一來，光是仰賴目前的技術或產業，是無法保障未來的。

雖然，目前三星擁有半導體、TFT-LCD、CDMA等十多項世界第一的產品，但仍無法預測事業結構將會有何變化。因此，我們從幾年前就不斷地在思考著：五到十年後要靠什麼過活，從二〇〇一年開始也和集團的CEO談到要爲迎接未來及早做好準備。廿一世紀最重要的是「知」的競爭，如果說廿世紀是經濟競爭的時代，那麼廿一世紀即將是頭腦競爭的時代。爲了因應未來，最需要的就是人和技術，因此三星要極力延攬不分任何國籍，各個領域的優秀人才，從研究開發到行銷等各個領域，這樣我們才能開發出眞正尖端的技術。

有人指出，三星過於依賴半導體。關於這點，三星集團和三星電子要如何掌握未來

呢？

從半導體佔了國家經濟極大的比重看來，似乎一提到三星，最先想到的就是半導體。事實上，以三星電子銷售規模的比重來看，半導體佔三〇％、情報通訊三〇％、數位媒體三〇％、生活家電一〇％，近來通訊領域的成長明顯，所以半導體的比重也降低了一些。雖然，經濟環境時時刻刻地在變化，向前看並不容易，但三星的未來面貌，不管是在事業結構或經營結構上，都會與現今大不相同。在全球市場上打不下第一名或第二名的企業，我們就要關門大吉，另外，我們也會隨著新的技術和環境，創立一些新的公司或企業。此外，我們會與全球傑出企業攜手合作，發展成一個全球企業，進而在顧客和國際社會心目中建立一個受人尊敬的企業形象。

在挑選CEO時，最該注意的是什麼？

當上CEO，通常要歷經無數的成功與挫折。仔細想想，要培育一個總經理級的CEO人才，需要花上數百億韓圜以上，以及三〇年左右的時間。因爲CEO這麼重要，所以我想基本上經營者至少要有「知・行・用・訓・評」五項特質。知，要相當了解自己工作的「業」的概念、基礎技術、必要的人才與事業的核心力量；行，不止於知，對於自己所知率先示範，不斷地付諸行動；用，要懂得把工作分派給下屬；訓，要懂得如何指導下屬；評，要懂得如何正確地評斷最後的成果。另外，不知道是不是我自己比較貪心，我總覺得以上這些不過是一個CEO要具備的基本條件，在這些基本條件之上，還要具備洞悉世界潮流以及時代趨勢的眼光。

一般人覺得，三星比其他企業網羅了更多優秀的專業經營人才，對他們賦予的決策權與自主權也更多，所以能獲得有效的成果。這是您的經營理念嗎？

「疑人勿用，用人勿疑」，如果你無法信任這個人的話，就不要將重任交付給他，一旦決定用這個人，就要信任他、全權交給他。我可以很有自信地說，三星CEO的能力或資質，比任何先進企業的CEO都還要優秀。所以我只管提出未來策略方向等經營的大方向，至於一般經營，各公司具備專業能力的總經理會自動自發地完成。我想，一個董事長份內要做的事，不就是從背後給予他們支持，讓他們擁有責任與權限，來實現經營理念的嗎？

您對於未來領導三星的核心人才，又是怎樣的培植計劃呢？

我想企業的競爭力或價值，取決於擁有多少優秀的人才。要做到這一點，就得把核心人才應該具備的資格和條件，明白地告訴同仁，然後對於足以擔當核心人才的人物，賦予重責，給以足夠的獎勵激發。如此創造出一個讓他們可以自我努力的氣氛與環境，是很重要的。

三星的核心人才，應該具備以下四個條件。第一，最高水準的技術或know-how，是具備專業知識、能創造卓越的經營成果，擁有專業能力的人。第二，自我犧牲的精神與同僚之情，擁有包容力、樂於助人以及清廉道德感的人。第三，有正確的判斷力與決策能力，可以發揮領導能力、達成目標的人。最後一個，是可以接受三星文化與價值觀的人。

在國外企業當中，哪個企業最值得效法？

以前三星主要是學習日本企業的技術，也效法他們的經營方式，但是在現今瞬息萬變的經營環境以及全球化的發展趨勢下，以任何一個企業爲標竿，似乎沒有任何意義。因此，與其說效法哪個企業，不如說是從許多企業中，找出他們所具備的優點，來加強三星的不足或未盡完善之處。

在您領導三星這段期間碰到最困難的是什麼？最難以下決策的時刻又是什麼時候？

在一九九三年推動新經營的時候，我深深地感覺到「整修舊的房子比蓋間新屋要難上千倍」。當時，我雖然在洛杉磯、法蘭克福、東京這些世界經濟主軸的城市裡通宵熬夜，再三跟同仁強調危機意識和變化的必要性，但要讓每個人眞正體會到必須要變革，並不是一件容易的事。還有，在IMF時期，如果照原樣繼續經營，公司會倒閉也說不定，因此在情況危急之際，爲了生存，不得不調整結構，但是想到被裁退的職員的痛苦，到今天我還是很難過。所以，當時我和管理階層交待，務必要把集團的困境，向職員做最清楚的說明，不到最後關頭，萬非得已，絕不動用人力結構調整的最後手段。

有人認爲，同時實行逐年聘約的年薪制與成果分配制度，產生員工間的不愉快、士氣低落等副作用，對此，您有什麼樣的看法呢？

經過IMF的金融危機，社會型態改變很多。以前「有福同享、有難同當」是理所當然的，現在多做事的人、會做事的人應該得到更多的獎勵，這似乎已經變得很普遍。三星剛開始推動年薪制的時候，也有一些反彈，不過很快就爲大家所接受，現在我覺得對同仁反而產生了刺激作用，大家都認爲那我也努力工作，多拿些薪水看看好了。另外，在公司已經實行兩年的成果分配制度，剛開始的情況也一樣，有人會覺得在同一家公司裡，爲什麼誰要多拿一些，誰要少拿一些的。但是從二〇〇一年開始，氣氛完全不一樣，大家無不雄心壯志地想著「這次輪到我們要努力成爲第一」。這種制度似乎對三星同仁的工作動機與自我啓發有所幫助，而且我想繼續下去的話，也能提高企業或個人的競爭力。

結構調整成爲常態之後，可能降低同仁對公司的向心力，對於這一點，您有什麼因應對策？

經營者，應該將企業當作自己的身體來看。因此，每次做結構調整的時候，就像要從自己的身體上把肉挖掉一樣，是非常痛苦的。不過儘管如此，爲了因應時時刻刻都在變化的外部環境、提高競爭力，不得不繼續調整組織。在這樣的過程中，有一部分的經營者會擔心職員的向心力是不是會減弱，不過，我自己則覺得，今天所謂「向心力」的概念，似乎已經有些改變。過去，同仁對公司盲目忠心，公司也回報一個終身職場的保障，是很平常的。但現在，這樣的公司無法發展，同仁個人也不願意做這樣的事。同仁每個人各盡全力得到自己所該得的，公司則創造一個可以讓同仁充分發揮各自能力的工作環境，這樣雙贏的關係不是很好嗎？如果公司能竭盡最大可能來提升同仁的生活品質與工作能力，同仁爲了公司的發展努力貢獻，自然而然就會產生向心力。

對您的健康問題，似乎有很多人擔心？

也許是因爲過去曾經因爲健康問題，讓周遭的人擔心過，所以直到今天，還是有很多人會問到我健康的問題。不過，也是託各位關心之福，今天我的健康狀況其實很好。以最近即使開了幾次長時間的會，也沒有任何不適來說，應該是比以前好多了。不過，想到維持健康應該是在自己健康時候做的事情，所以我很規律地做做慢跑或散步。有空的時候，也盡量和孫子一塊玩，可能是這樣心情愉快的關係，所以身體健康好像也在日益改善之中吧。

尹鍾龍　副董事長

「二〇〇一年競爭對手紛紛出現赤字，
三星電子卻在DRAM方面創造利潤，
不是因爲DRAM本身的市場多好或利潤多高，
而是因爲誰能做得更好的差別。」

副董事長尹鍾龍在二〇〇二年一月初接受《韓國經濟新聞》採訪時說道，「過去幾年間所達到的結構調整和經營革新，都是因爲ＩＭＦ時期的危機意識才能成功。比起任何其他因素，多挑選、多培養優秀的人才，才是我們最大的助力。」

另外，「過去二、三年間，爲了根本改革結構整體的體質，加強足以因應未來的事業結構等而努力的結構調整，如果能繼續再進行三、四年的話，將可以使我們躋身於領先企業之列。」對於今天的三星，他自己的評價是：「在全球綜合電子企業的行列中，正在由第二梯隊（Second Tier）前進到第一梯隊（Top Tier）的中間階段。」

關於三星電子創造大幅營收，他表示「創造金牛事業，不光是商品力的問題，還要看誰最先抓住機會，怎樣創造附加價值。」照他的說法，三星現在「正在把主力事業和奈米、人類工學、電子生物晶片技術等未來主力事業的研發連接，更進一步培養未來事業的種子。」

在二〇〇一年經濟不景氣的情形下，三星電子還能創下近三兆韓圜的收益。是如何做到的呢？

在ＩＭＦ經改期間，外國的分析家質疑我們爲什麼要採用八爪章魚式的經營，他們建議除了半導體以外，家電、數位媒體、通訊等都要全面整頓。記得那時我的回答是「閣下只是往前看一兩年的投資者，而我是必須往前看五到十年的經營者」。二〇〇一年，雖然半導體經營困難，但是我們在家電和數位媒體部賺了一兆韓圜左右，在通訊部門又賺了一兆韓圜左右。半導體不賺錢，就由其他部門來賺，這是我們發揮了事業組合的威力。事業部門之間相互供應產品，也有形成內部市場的效果。在二〇〇一年下半年景氣極爲低迷的情況下，許多人都驚訝怎麼還會有企業拿得出這樣的成績。

您在經營上最花心力的是什麼？

是如何預先做好準備以迎接未來。已經是世界第一的DRAM等事業要使其更強，另外，我們也計劃要創造三、四個新的全球第一的產品。同時，具備危機意識，繼續改善體質，創造持續革新的體系，也將是主要的重點。

新的世界第一，是哪些產品呢？

也許是數位電視、新一代掌上型電腦，印表機等電腦週邊設備吧。

二〇〇二年初，在拉斯維加斯所召開的世界最大家電展示會「CES2002」上，三星展示了掌上型電腦吧？

在美國，屬於PDA機的「Smart Phone」相當受歡迎，「Nexio」則是比較更具備電腦機能的掌上型電腦。我認爲，我們應該確實把握住Wireless（無線）、家庭網路、行動網路的數位聚合的先機。很難找到一個企業像三星電子這樣適合數位聚合。沒有公司同時涉入通訊、家電、無線通訊、行動電話等等。二〇〇二年，我們計劃將積極展開行銷，以享受數位聚合的成果。

您提到「數位聚合」，不過這方面的市場好像還沒有眞正打開。在許多產品當中，您覺得未來將最有收益性的是哪些呢？

數位電視已經開始銷售，結合DVD播放器和VTR機能的DVD Combo也順利地問世了。雖然還未上市，我們還將推出掌上型無線電腦。另外，居家內的電視、音響、電腦等全部連結的家庭網路時代絕對會到來。現在，雖然電話線、纜線各自傳達聲音、影像，但日本正在設計將電話和數據資料可以一起傳入家庭伺服器，一貫到底的家庭網路。在國內，三星配合在道谷洞建造的一棟大樓，正在設計人在外面，也可以用無線電話來控制冷氣或電磁爐開關的設備。行動網路是將ＰＤＡ及無線電話等多種行動機器網路化。現在是把通訊、有線電視、衛星電視、電腦等合而爲一的時代。

那麼，在DRAM和行動電話之後，接著可以創造大幅利潤的金牛事業將會是什麼呢？

與其說創造一個金牛事業，不如說是根據策略來決定哪一個才是金牛事業。ＤＲＡＭ或是行動電話，不是對任何企業都能產生很高的收益。要如何搶先機會、如何製造附加價值，才是關鍵。舉個例子來說，有些來往廠商和競爭同業比價之後，要求產品價格降低二〇～三〇％，我會要求停止和這樣的廠商交易。如果海外的分公司回來告訴我，要比競爭同業降價三〇％才能生存的話，這個分公司也就沒有存在的必要了。在市場上，新力產品維持著比三洋產品高出三〇％的價格差別。這就是我們應該走的策略。供應通訊公司行動電話的時候，即使是掛共同品牌，也一定要掛上我們的商標。

請再介紹一些您其他的策略。

在半導體方面，我們一直是先決定幾個搶佔市場的策略，然後掌握市場。例如，產品研發和製程開發，我們的策略就是一定要領先日本業者三到六個月，領先國內競爭業者六個月，過去三、四年間，我們一直執行這樣的策略。二〇〇一年，我們領先日本的差距拉大到一年，日本業者已經完全投降。

強化體質的結構調整計劃，將會繼續進行嗎？

結構調整並不只有精簡人力。經營一段時間之後，會產生一些非急需的資產，或是收益不佳的事業。債務過多、呆帳的發生也是無可避免的。爲了不讓這類事件累積，所以要常常調整結構。三星電子在不景氣的時候，還能有良好的業績表現，維持少量的庫存及應收帳款，都要歸功於結構調整。你可能會問，庫存或應收帳款減低，到底有什麼幫助，但是從實際面來看，影響眞的很大。今天半導體或通訊業者之經營困難，不就是因爲庫存過多而降低價格所導致的嗎？

他們不是因爲對市場趨勢的評估錯誤，才導致那些問題的嗎？

我們不能光是根據景氣來調整庫存。從訂貨、銷售、生產，到物流爲止，所需的生產線如果能最小化，即使庫存不多，在景氣好轉的時候，也能快速出貨。如果需要較長時間的話，庫存就要比較多，花費成本也會很高。從銷售到物流爲止需要兩個月，和需要一個月，這之間就有百分之幾十的差異。是很驚人的差異。

三星電子的競爭對手是哪些企業呢？

就是三星電子自己。像新力、戴爾、IBM等大部分的企業，和我們是競爭對手同時也維持協力合作的關係。硬要說哪個企業是我們眞正的競爭對手，是令人很困惑的。何況，像三星電子這樣以數位聚合組成的企業很少。我們同時具有通訊、家電、無線通訊、行動電話等，是任何一個公司都無法比較的。因爲是聚合時代，該包含無線通訊的通訊，音響、錄影機等家電產品一應俱全，才有可能變成網路系統。而全世界同時具備這些必要產品的，應該只有三星吧。新力和東芝沒有通訊，美國的朗訊（Lucent）有通訊機器卻沒行動電話。摩托羅拉沒有家電AV或PC，飛利浦雖有行動電話事業，但通訊部門卻很弱。雖然今天大家已經看出三星在數位聚合上做的事情最多，不過，爲了要推廣這個概念，過去我們大概辛苦了四、五年的時間。

三星是以什麼樣的方式和哪些企業合作呢？

新力、戴爾、IBM、菲利浦雖然全都是競爭的企業，但我們之間也一直維持著友好又合作的關係。和新力有經營團隊的交流會，一年兩次輪流在兩國舉行，出井伸之董事長和安藤国威總經理都會出席，在三星方面我和經理團也都會參加。和東芝或NEC，以及夏普也都有層峰交流會。我們和微軟在Window C上的合作很好，和AOL也有策略性的合作。因爲使用英特爾的晶片組合（chip set），所以和他們的關係也不錯。戴爾、康柏、IBM、昇陽電腦使用我們的記憶體，少則四〇～五〇%，多則甚至六〇～七〇%。同時，他們也是向我們購買LCD顯示器、HDTV、光碟機的大買主。新力的PS也是用Rambus DRAM。所以說，目前還沒有具備和我們相同業務類型的競爭業者吧。

對於設備投資，您有什麼樣的看法呢？

半導體、LCD、行動電話等應該還是主要對象。半導體我們已經投資非常多，從今天全世界的產能剩餘很大來看，我覺得我們也不必投資得過頭，因此就做了些減縮。我們的投資不只是按計劃進行，各個季度還要看各個季度的情況，該減少的就減少，總之，要根據社會的變化，隨時調整。」

十二吋晶圓眞正投入量產，預計是在什麼時候呢？

測試生產線已經開始嘗試部分量產。隨時都可以投入量產，只不過市場情況不好，所以才往後延。一定要先做，也不見的就好。因爲晶圓大的話，原料轉產品的比率也可能會減低，所以我們要比較十二吋和八吋的經濟性，再判斷何時進行。

二〇〇一年你們開發出四〇吋ＬＣＤ，ＬＣＤ和ＰＤＰ間有做業務分配嗎？

四〇吋以上大型的應該是做成ＰＤＰ，四〇吋以下則是ＬＣＤ，這樣似乎比較合理。我本來也根本沒想到ＬＣＤ能做到四〇吋，但是不斷努力技術開發之後也做出來了。ＰＤＰ的起步比ＬＣＤ晚很多。雖然也不知道繼續技術研發下去，會有什麼結果，不過我認爲大型是屬於ＰＤＰ這邊，小型是屬於ＬＣＤ這邊。

數位聚合產品現在是形成市場的階段。有沒有什麼產品是像ＤＲＡＭ或行動電話一樣，雖然原本收益不多，之後卻能被選爲金牛事業的呢？

這麼舉個例子來說吧，新聞媒體裡，是不是有什麼事業是可以賺很多錢的呢？如果有，大家一定會搶破頭。因此，這要是誰最先把握住了什麼機會。我想，這不單只是產品力的問題。耐吉的產品，在釜山的FOB價格是十美元，但他們可以用一〇〇美元、二〇〇美元賣給消費者，國內企業即使是同樣過程，也賣不到二〇美元以上。如何增加附加價值是很重要的。行動電話和記憶體，並不是因爲事業性多強而賺錢的。二〇〇一年競爭對手紛紛出現赤字，三星電子卻在DRAM方面創造利潤，不是因爲DRAM本身的市場多好或利潤多高，而是因爲誰能做得更好的差別。在行動電話方面，易利信因爲嚴重的赤字甚至想退出這個產業，而我們卻能創造一兆韓圜以上的利潤。關鍵在於策略。

外國各大電子業者大部分紛紛投資生化事業，說是未來最有希望的事業。三星電子對於生化事業沒有興趣嗎？

屬於醫學或是純生化系統的生化，不是電子公司要做的事。我們想要做的是和電子有關的生化晶片等生化事業。雖然目前事業還未展開，我們正在商討是否組成因應未來的研究小組。

聽說三星將進軍半導體設備業？

以半導體來說，設備眞的扮演了重要的角色。目前我們的主要設備還是從國外進口，而以同樣的價格購買同樣的機器，是無法產生競爭力的。韓國的中小企業因爲水準還不夠，沒有餘力投資開發核心設備。所以目前我們的計劃是自行開發本身核心設備的技術，降低我們本身對外來設備的倚存度，把技術移轉給設備業者或委外。做半導體事業已經很忙了，我們不會直接做設備業。我們沒有想過本業以外的事。

您認爲三星電子強盛的最主要原因是什麼？

競爭力的根本因素，很難用一句話說明，不過如果一定要說的話，我想是「危機意識和持續推動經營革新」、「就算不景氣也能果斷投資R&D，以確保核心根本技術」、「確保並培養優秀的人才」。一九九三年董事長宣佈新經營的理念時，說他感受到連背脊都在冒冷汗的危機。當時我們還不能很明白他的意思，可是等經過IMF經改之後，整體組織對危機是什麼都深有同感。我想，過去幾年之間所完成的結構調整和經營革新的成果，都是有這樣的危機意識作爲基礎才有可能。另外，比起任何其他因素，多挑選、多培養優秀的人才，才是我們最大的助力。從過去開始，三星就很重視人才，多方挑選優秀的人，也積極努力進行培訓、教育等人才管理。我們所面臨的是一個人才可以養活成千上萬人的時代，因此特別積極挑選天才級、頂尖級的人力，三星電子博士級以上的人才早已超過一，五〇〇名了。同時，也醞釀可以讓他們在組織內生根成長的企業文化，希望未來能繼續多網羅一些優秀人才，讓整個組織多些新希望，也多些緊張感等，這對於組織管理的動力也很有幫助。

從全世界的角度來看的時候，您覺得三星電子的競爭力到哪個水準呢？

我們雖然確實比過去改善很多，但仍有許多不足的地方。全面看來，我們在全球綜合電子企業的行列中，正在由第二梯隊前進到第一梯隊的中間階段。過去二、三年間，爲了根本改革結構整體的體質，加強足以因應未來的事業結構等而努力的結構調整，如果能繼續再進行三、四年的話，將可以使我們躋身於領先企業之列。雖然有DRAM、行動電話、顯示器、LCD等世界第一的事業部，但其他領域需要奮鬥的地方還很多。另外，在行銷方面也還有許多不足。以前，製造出好產品也不能獲得合理價格的情形很多，這都是因爲行銷的力量太弱。因此我們正在努力加強行銷領域的革新。

五到十年後要養活三星電子的事業種類是些什麼呢？

隨著聚合、網路的時代來臨，以單一產品滿足顧客多樣化需求有其極限，另外也有從硬體轉換到服務、解決方案等附加價值的趨勢。在擴大記憶體、ＬＣＤ、行動電話、數位電視等第一名的事業，加強家庭網路、行動網路、辦公網路、核心零組件四大策略事業的同時，三星電子要在這延長線上，發掘前瞻十年的種子事業。在難以預測未來，急速變化的時代，很難確切地指出哪個是十年後三星電子的主力事業，不過，要說我們應該在哪些領域發掘並培養十年後招牌事業的種子事業，那應該是在目前的半導體、通訊、數位、家電的技術基礎上，可以和奈米、人類工學、電子生物晶片技術等未來主力技術進行開發與接軌，發揮整合力量的領域。

李潤雨　半導體總經理

「三星電子的CEO，應該要積極地主導變化、
對於大規模策略性的投資具有決斷能力，並且要有
培養人才的先見之明。」

半導體部門的李潤雨總經理，是輔佐李健熙董事長、復興三星半導體的頭號功臣。二〇〇二年五月他在接受《韓國經濟新聞》訪問時提到，「未來三星電子的半導體事業，將會減低記憶體的依存度，配合系統LSI（非記憶體半導體）和TFT-LCD等三個領域，均衡發展成兼顧營業額與利潤的事業結構。」

他也特別說明，系統LSI的領域，一方面利潤率高達二〇％～六〇％，屬於高收益事業，另一方面還可以活用既有的DRAM生產線，因此可以鞏固整個半導體事業的安全性。

在TFT-LCD領域方面，計劃持續進行第五代生產線等投資，一方面維持全球市場龍頭的地位，一方面也擴大與日本和台灣等後起業者之間的差距。李潤雨表示：「三星電子不只在生產能力上，在企業營運、組織管理和行銷等方面，也都達到了世界級水準。」

三星電子可以躋身國際企業，您認爲最重要的原因是什麼？

我想，二〇〇一年IT業界極爲低迷的景氣，給予三星電子一個大展長才的機會。即使二〇〇〇年我們創造了空前的業績，說那只是拜DRAM情形好轉的大有人在。但是，到二〇〇一年，在日本十大電子企業赤字高達二兆日圓的惡劣情形下，三星電子依然能創造大幅淨利。原因當然很複雜，不過總歸一句是因爲我們的根基很穩固。單就DRAM的情形來說，主要客戶都是IBM、HP、康柏、戴爾等國際最高水準的企業。成本和品質不是一流的話，根本無法和這些企業做生意。我們可以說，三星各個關係企業，不只是具有很強的競爭力，在企業營運、組織體系等全方位上都已經達到世界水準。

李健熙董事長的領導特質是什麼？您什麼時候眞正感受到的呢？

三星電子可以竄升爲世界性的企業，至少要歸功於三點：事業的選擇與集中、李健熙董事長的策略決定、徹底的第一策略。其中，李董事長的領導能力，可說是將三星電子帶上世界舞台最重要的角色。以一九八三年DRAM二線建設六吋晶圓的選擇問題來說，當時大部分的半導體業者都還在使用五吋晶圓，六吋晶圓只有日本業者還在測試生產階段。連一次都還沒驗證，豈不是要承擔很大的風險。但李董事長基於我們不能永遠在背後追趕的判斷，選擇了六吋晶圓。結果產能提高一．四倍，也開啓了我們超越後發者障礙的一大契機。一九八八年開發4MB DRAM的時候也一樣，當時關於DRAM的生產製程，各個先進企業的意見紛歧，有往下挖掘的trench（溝槽）方式，以及往上堆疊累積的stack（堆疊）方式。在無法驗證哪個方式比較好的情況下，我們最後決定選擇以stack

方式運作，主要也是李董事長的指示。這也成爲三星記憶體躍升全球第一的關鍵機會。原本1MB DRAM位居世界第一的東芝，因爲選擇了trench方式，結果從4MB DRAM開始落後。一九九五年半導體景氣飆漲之後，半導體部門的重點就是競爭力和差異化。由於李健熙董事長指示一定要找出我們有別於他人，可以承受住不景氣的差異點，從此將主力放在產品附加價值的開發。結果，三星達成了Rambus DRAM、DDR DRAM等高收益產品爲主的商品編制。二〇〇一半導體最惡劣的景氣中，大部分的半導體公司均飽受赤字之苦，只有三星唯一以藍字坐收。

您是在如何準備數位聚合呢？

三星電子的內部，是將半導體部門當作數位聚合的核心角色（我們內部把半導體部門稱爲Device Solution Network事業部）。雖然套裝機器之間的統合也很重要，但根本還是在於核心零組件的相互融合。因此，我們一方面重視確保核心技術，一方面也努力培養足以支援不同應用技術之間細微差異的人才。因此，半導體部門和其他事業部門之間的合作，是最爲有機化的。由於半導體和LCD產品是套裝機器的基本元件，因此和其他事業部門之間的合作，固然是經營中必要的一部分，但是在全面展開數位媒體、情報通信、生活家電的總體策略上，半導體也在提供穩固的基礎。半導體部門從一早開始，就和其他事業歷經產品研發、生產、推銷的全方位合作，因而我們達成了這種系統化的合作。

和世界第一的企業相比，三星的半導體部門表現如何？你們怎樣才能保持領先地位，或是擴大與別人的差距呢？

我們內部的目標是，要均衡發展記憶體、系統ＬＳＩ、TFT-LCD 三個領域。我們希望已趨成熟的記憶體和 TFT-LCD 事業，重點在於擴大和對手間的差距，系統ＬＳＩ部門則希望能掌握目前不足的系統技術，加強培植到能與記憶體半導體並駕齊驅的地步。以ＬＤＩ（ＬＣＤ驅動晶片）這些已經接近世界第一的產品爲代表，我們誕生其他排名世界第一的產品，應該指日可待。雖然記憶體半導體部門，維持了近十年的第一名，但在包括非記憶體半導體的整個領域中，目前位居第四。在記憶體半導體和 TFT-LCD 領域，我們是以技術力的差異和高附加價值的產品爲策略重點，來維持第一的寶座，未來在系統ＬＳＩ領域，則是打算透過可以整合三星電子內部力量的領域，擴增第一名的產品。特別是數位聚合的時代，核心技術和 Device 的供應能力都絕對重要。系統單晶片可以回答這一切。系統技術要更強，十年後我們才能成爲超越英特爾的企業。MEMS（Micro-Electronic Mechanical System，微機電系統）、奈米、生化等新的事業領域，則還在研究開發與投資當中。」

您覺得一個CEO應該具備什麼資質以及品德呢？

所有產業必然都會歷經過剩與競爭的階段，才會創造出新的市場。這時，品牌價值低落，內部核心力量不完善的組織，只好淘汰。因此，守住原本市場固然重要，能創造新市場的能力更加重要。例如，我們怎樣將亞洲再創造成一個新的整合市場，就是很重要的關鍵。三星電子的CEO，應該要積極地主導變化、對於大規模策略性的投資具有決斷能力，並且要有培養人才的先見之明。

陳大濟　數位媒體總經理

「在數位時代，企業應該不是以製造爲中心，
而是以行銷和品牌爲中心。」

三星數位媒體事業部總經理陳大濟一方面強調，「我們要更加強LCD顯示器、OEL、PDP等顯示器領域中全球第一的競爭力，」一方面也提出他的新目標，「在個人電腦領域，也必須以筆記型電腦爲重心，打進世界前五名。」

陳大濟總經理被認爲是三星的招牌明星，具有代表性的專業經理人。他經過記憶體和非記憶體半導體事業的歷練，目前負責三星未來策略事業中的數位家電。

「未來三星電子將從製造中心，全新改造成具有全球品牌價值、以消費者爲中心的行銷企業。」陳大濟表示，「爲達成這個目標，要盡全力確保創意、企劃力、內容，以及服務的力量。」

從客觀的立場來說，您對目前三星電子的面貌有什麼看法？另外，之後該努力的企業目標又是什麼呢？

從前到現在，三星電子一直扮演「快速的跟隨者」（fast follower）角色。雖然DRAM不是三星所發明，卻能以價格和品質的競爭力爲基礎，登上世界第一。彩色電視和顯示器也一樣。只是這樣還稱不上是眞正的一流企業。在數位時代，企業應該不是以製造爲中心，而是以行銷和品牌爲中心。我們將以三星各個事業領域所具備的技術基礎來達成數位聚合，然後研發出多元的產品群。在顯示器的領域裡，我有信心能以LCD、OEL和PDP等產品領導產業。

談到三星電子的優勢，其中一個最常提到的，是李健熙董事長的領導能力和前瞻視野，關於這一點，您可以提供一些實例嗎？

三星電子之有別於其他企業，主要在於重視才產（human capital）、最高經營階層的決策能力、未來取向的企業文化。三星電子之所以能成長爲世界性的企業，要回溯到一九九三年李健熙董事長發表新經營宣言的時候。新經營可以說是一場意識革命。在那之前，三星無法跳脫後發企業的局限，內部總是瀰漫著三流意識、原地不動、失敗主義等氣氛。新經營喊出一流化、要求改變等意識，斷然成爲覺醒的契機。由這個層面來看，現在的三星和當時的三星，「意識」上有著完全不同的轉換。現在我們到哪裡談到的都是第一、領先，不管去哪裡都能信心滿滿地走出去。這些都可以說是提出新經營之後所形成的成果。在新經營宣言之後，三星的經營文化中就貫徹了李健熙董事長的理念。我認爲這要歸功於董事長一方面提供你最大、最自由的經營權限，但是遇到關鍵時刻又總能輔助你找出關鍵問題的前瞻性和判斷力。一九九七年初三星開始結構調整的時候，可以說是極具代表性的例子。當時雖然有部分人提出了危機論，但事實上誰也沒預料到會惡化到那年年底ＩＭＦ危機的程度。三星是在一九九七年年初建立結構調整任務小組，花了幾個月時間具體規劃出節省成本、撤出經營不善的事業、擴大國外採購等計劃。那年中秋節的時候，我們做了前後年度的報告，正要開始實行的時候，就爆發了ＩＭＦ金融危機。正因爲如此，比起韓國其他公司，三星不但能遠較有效率、沒有後遺症地度過了ＩＭＦ金融危機，其影響甚至及於最近我們所表現出來的成績。而當時我們之所以能推動結構調整，不能不歸功於董事長的遠見、剴切的指示，以及推動的意志。ＩＭＦ危機雖然也造成了不少犧牲，但反而成爲三星向前邁進的機會。

雖然三星電子已經發展到能與新力並肩的程度，但仍提到有許多不足之處。能不能請您談談三星的弱點，以及其解決方案？

現在就製成品（set）部分而言，三星在產品開發力、製造能力及經營速度層面上，都已經達到頂尖的水準。但是，隨著數位化發展，產業和競爭的典範隨之改變，再加上中國大陸的力爭上游等等，今天要獲得成功所必須具備的因素也就更多元。未來我們所需要的是，以技術和行銷能力爲基礎，確保獲得顧客最高認同的市場定位。一方面我們要具備如何正確判斷顧客需求，然後據以找出新事業模式的創意、企劃與事業化能力，一方面也要具備和別人協力合作的能力，彌補製成品業者（set maker）在內容與服務力量上之不足。和先進企業相比，我們在這些部分不足之處還很多。新經營理念的宣示以後，我們投資最大，努力最大的部分，是在品牌行銷與技術能力的領域。最近，雖然我們的品牌認知度提升了，DVD、個人電腦等產品的特別定位也看得到成果，但是還沒法完全消除與新力、HP等美日先進企業的產品價格差距。爲了改善這點，因此我們正在推動一個「WOW（哇！）專案」，期望能夠發想出一些足以震驚市場、劃時代的特別產品。我們計劃根據產品單位，每年開發最少一個革新產品，確保這個產品的技術能力，並進而改善市場地位。此外，我們除了會更加強幾年前所推動的運動行銷投資之外，還會借由擴大對市場的感受力（sensing）、改善行銷過程等內部努力，來改善品牌形象，最後，我們還會繼續加強原來在技術力方面的強項，諸如網羅優秀人才、果斷地引進技術，或是和擁有特別技術的業者進行協力合作等等。另外，爲了確保人才競爭力，要持續補充優秀人才，建立組織革新的經營機制，改善經營過程、推動工作內容的系統化，從根本上改善做事方法。還有，爲了因應新的數位經營環境，我們還建立了DCT（digital convergence team，數位聚合小組）這樣的單位，專門發掘新事業，並將之建立爲可長可久的事業。

三星電子各個關係企業、各個事業部都有各自的目標。推動業務的時候，想必各個事業部之間也可能有業務重疊的內部矛盾存在。關於這個部分，請問都是如何解決的呢？

三星電子和其他IT企業最大的差異，就在於擁有多元的事業部。半導體和通訊、生活家電、PC等多元化的事業組合，可以隨著景氣的波動循環，讓風險降到最低。過去我們雖然也強調各自專注發展某一兩個業種，但現在的趨勢則是全體部門的複合化。事業部之間的界限也正在消失當中。從各個事業單位來看，的確有些部分會產生重疊，因而有些小矛盾的情況。不過這都是在新興事業領域中才會出現的現象，而從新興事業必須盡快確保必要的力量來看，這種重疊所造成的良性競爭，我想反而是有好處的。當然，即使再小的矛盾，在事業正式成長之前還是應該要調整，以免處理不好，甚至可能產生資源分散的現象，因此，我們不論從事業部的層次、總公司的層次，以及整個三星集團的層次，都在隨時做這方面的調整。以數位電視這個最需要關係企業之間實質協助的情況而言，我們每個月召開「DTV一流化促進委員會」，由各關係企業參與。數位媒體事業部為了PDA事業，也在事業部之間組成了PIC協力小組。未來，我們還計劃爲了家庭劇院事業組成推動小組。

各部門五年、十年後會變成什麼樣子？您對於五年後事業部之間的比重，有什麼樣的設想？爲了如此的變化，目前具體推動的事項又是什麼？

數位媒體部計劃將更加擴大顯示器領域的優勢地位。顯示器事業在二〇〇一年ＣＤＴ（ＰＣ用Braun tube；陰極射線管）顯示器市場佔有率爲二十二％，ＬＣＤ顯示器市場佔有率爲十九％等，維持世界第一，只不過在品牌定位上還不能確保絕對優勢。最近長虹、康佳、ＴＣＬ惠州移動通信等中國業者也開始加入顯示器事業，可以想見ＣＤＴ顯示器的市場競爭將更爲激烈。因此，我們將透過大型ＬＣＤ顯示器，和ＡＶ結合的聚合產品等的開發，持續產品力的差異化。就長期角度而言，我們則將透過與關係企業的合作，搶先開發一些新素材的顯示器推出市場，諸如ＦＥＤ（二〇〇四年）、ＯＥＬ（二〇〇五年）等等。我們認爲，藉由這些努力，應該可以維持二〇％的市場佔有率，鞏固排名第一的地位。在電腦領域裡，我們的國際基礎太弱，是最大的問題。特別隨著產業的聚合化趨勢，電腦技術和市場基礎的重要性日益增大，因此我們必須要在全球個人電腦市場中重新定位。三星因爲具備很強的產品力，因此可望在產品上突顯差異化，以競爭及流動性相對較高的筆記型電腦爲中心來進軍世界市場。三星在去年推出的超薄型筆記電腦「Sense Q」上，已呈現了自己所具有的超薄技術、熱處理技術、電池電力技術等。我們可以自己製造TFT-LCD、HDD、ODD、無線模組、電池等許多核心零組件。我們的IP（智慧財產）力量，可以由在美國擁有三九〇項專利等看出端倪。考慮到將來個人電腦和AV聚合的趨勢時，我們在未來機能與市場的開拓上，將會比其他專門生產個人電腦的業者更佔優勢。我們改善目前最弱的海外流通和服務的基礎建設，以差異化的產品積極進行海外行銷的時候，相信我們可以在五年之內名列全球前五大筆記型電腦製造者。

邁入數位時代的同時，數位媒體和情報通訊之間有相當接近的部分，因此不論就事業部還是關係企業之間的角色而言，您認爲應該如何調整自己的角色？

長期來說，我們計劃將以最近發表的行動PC「Nexio」爲主軸，加強娛樂、資訊等機能，創造一個M三（Mobile Multi Media）PC的市場領域。顯示器事業不是三星電子或是三星SDI單獨就可以達到頂峰的。目前CRT和PDP面板由三星SDI負責，TFT-LCD面板及製成品則是三星電子處理，我們認爲可以各取所需，彼此都能創造令人滿意的實績。至於未來，不論是因爲環境改變，還是因爲基於集團層次的競爭力考慮，如果需要有一些變動的話，我們也可以隨時調整配合。

您認爲ＣＥＯ應該具備怎樣的資質與品德？

我覺得三星的ＣＥＯ應該是一個Clarifier，也就是可以確實執行視野與目標之實現的經營者；應該是一個Energizer，也就是可以帶動組織活力的經營者；同時也是一個Organizer，也就是能夠把工作、組織與流程有機結合起來的經營者。」

韓龍外　生活家電事業部總經理

「領導力，是能把握同仁的心理狀態，
可以給他們帶來視野，讓他們找到自己要做的事情，
認眞去做的力量。」

生活家電事業部總經理韓龍外表示，「這段期間被半導體和情報通訊部門光芒所掩蓋的生活家電事業部，到二〇〇五年爲止，將躍升爲營業額六〇億美金的世界一流品牌。」

爲此，他們已投資一兆韓圜在研究開發與設備上，擴大莫斯科、中國、歐洲等地現場的生產機器及R&D中心，並將加強海外及協力業者的合作策略。韓總經理表示，「透過各個事業部的競爭與合作，三星電子有達成世界第一流目標的傳統與know-how，」他再附加一句說明：「這是藉由鞏固最新技術與孕育人才，不斷培養競爭力所得到的成果。」

造成三星電子本質變化的契機，許多人認爲是李健熙董事長的新經營宣言。您認爲現在對當年新經營所提出的目標達到了哪些？另外，三星成爲全球一流企業，還有沒有不足的地方？

三星有一個優勢是：一旦確定新的挑戰目標，在前進過程中全力以赴的企業文化，比任何企業都更豐富。包含李健熙董事長在內的最高經營團隊的領導力，是這個優勢的基礎。李董事長不是從急功近利的角度來思考，而是站在長遠的觀點，提出該如何引導三星電子走向未來。所以最近三星電子的躍進，正是一九九三年李董事長提出新經營宣言的結果。董事長會經常提醒要預先確保最新技術、加強人才培植等等競爭力要項，他還不時會澆冷水，要我們不要因爲公司營運良好而自滿等等，在關鍵時刻抓出一些關鍵的重點提醒大家。他的先見之明，則是深知我們現在欠缺什麼，能在事前以最快速度提出因應對策。至於他的領導力，是能把握同仁的心理狀態，可以給他們帶來視野，讓他們找到自己要做的事情，認眞去做的力量。在一九九三年以前，李董事長就能預見廿世紀哪種企業能存活，提出「不改變不能存活，除了自己的老婆以外，全都要更新」的新經營理念。當時大家也許還不太清楚會有什麼成效，但從現在的角度來看，這個宣言正是迎接廿一世紀的企業態度，也是我們能比日本企業更加成長的原動力。一九八〇年代後半，他預先指出「將來沒有數位技術，就無法在電子業存活」，在中央研究所建立數位研究組。這樣預先準備的結果，是一九九八年十一月我們能領先全世界，投入數位電視量產。如果當時沒有李董事長的預先準備，我們在數位方面也將無法趕上日本。

和世界第一的企業相比較的話，生活家電事業部的表現如何？往後的事業策略，也請說明一下。

在白色家電的領域，我們和世界頂尖的企業相比，的確還是落後的。在事業特性上，我們應該更加反映出地域性、文化性，特別是應該早日跳脫韓國國內事業的局限，邁向全球化。在技術、人力培植、行銷、品牌等方面全力以赴，進軍成爲世界第一的商品。生活家電事業，在三星電子整體營業額與利潤中佔有十％的比重。與其賺大錢，生活家電應該更是提高三星形象的事業領域。因爲生活家電商品的最終消費者是一般大衆，所以根據地域國家的不同，造型和機能也要有所變化。如果我們在世界各個市場都能提供給消費者優秀的產品，那麼我們的事業將有助於提高三星整體的形象。

很多人認爲，三星電子成功的要件之一，是由於各個事業部和關係企業一方面具備世界第一的產品力，一方面相互之間又能合作無間，因而擁有競爭對手無法追趕的技術力與成本競爭力。

三星電子的各個事業部，相互藉由競爭與合作來策劃彼此的發展。雖然，在這個過程中各個事業部之間也會產生一些矛盾，但我想這都是外人的觀點，就我們內部而言，大家都認爲這是良性的競爭。在資本主義社會中，沒有競爭就沒有發展，從這樣的角度來看，這也是很值得的事。有時候，我們以某個事業部或關係企業爲中心所推動的技術、人力、資源，也有可能產生浪費的情況。但是一看到這樣的情況，我們就會藉由三星電子總經理團隊會議，或者組成特別任務編組（Task force）來擬出完善對策。

身爲三星電子的CEO，常常接觸外國企業，您認爲韓國企業共通的弱點是什麼？另外，長處又是什麼呢？

三星的CEO，應該在人性、道德、禮儀、教養的根基上，具有對未來的視野，以及足以因應社會變化的前瞻力。另外，三星的CEO應該了解文化，可以善盡與消費者共同生存下去的企業責任。如果一定要我指出韓國企業人的缺點，我會認爲可能是在職業種類、經驗、理解度、哲學、歷史意識、文化意念等多元層面上有些不足。即使是技術人員，也應該對文化、音樂、哲學有所了解才對。

李基泰　情報通訊事業部總經理

「在數位時代，就算是小企業，
只要有技術能力，就有機會壓得過大企業。」

二〇〇二年五月接受《韓國經濟新聞》訪問時，情報通訊事業部總經理李基泰提到，「藉由世界第一（World First）策略，帶領終端機領域在品質、價格、品牌價值等方面，全方位達成世界第一名。」

情報通訊事業，不只是針對行動、辦公、家庭網路等數位聚合時代的主力事業部而已，而且要能夠結合系統、解決方案、內容於一體，提供整體對策（total solution）。另外，通訊設備等系統和光通訊領域，也有很大的市場潛力，是絕對不能輕忽的。

「歷經金融危機的同時，三星電子蛻變成更強的企業。」李總經理指出，「能夠誘導全體事業部之間的激烈內部競爭，確立論功行賞的體系，是三星電子的一大優點。」

三星電子爲什麼能維持高度競爭力，有許多觀點。您的看法？

三星電子的優勢，可以列舉出幾點：確保優秀人才與技術、重點發展具備競爭力的事業、經營效率化等。如此長期把重視「質」的理念結合到經營體質之中，才創造出今天的三星電子。我們說人才，是指具備創意、對未來有前瞻能力的人。李健熙董事長是其中的佼佼者。李董事長的領導能力，我想最先該提到的，是他提前一步的創造性思考。他不斷地激起危機意識，藉以改變人員與組織。他有因應未來的先見之明，有時候甚至可以提出非常具體的方法。就像他所說的，一個天才可以養活十萬人口一樣，重視人才可以說是他經營哲學的一部份。重視人才也關係到成果的獎賞。這點是締造今天三星重要的因素之一。藉由利益分配制（PS）等打破常規的獎勵，及股票選擇權的引進，給予業界最高的待遇，也賦予同仁自信與自動自發工作的動機。因此，爲了製造出全世界都未見過的產品，光是內部的競爭就很激烈。

情報通訊是繼半導體之後，三星電子的另一個新生力軍。情報通訊事業的競爭力，與世界第一的企業相比，表現如何呢？

重「質」的新經營理念，歷經IMF危機之後，已經內化爲三星集團的體質，我想這也是三星今天能成長爲世界水準企業的原動力。情報通訊事業尤其講究品質優先，二〇〇一年我們在行動電話與系統領域中，率先獲得情報通訊最高品質規格的TL九〇〇〇認證，今天，則還繼續展開六Σ等品質革新活動，向零不良率挑戰。我們的行動電話以嚴格的品質管理，被美國《消費者報導》雜誌（*Consumer Reporter*）評選爲第一，同時在歐洲各國也被認定爲最好的產品而刮起旋風。二〇〇五年，我們的目標是進軍行動電話業界第一名。因此，我們會堅持品質最優先的經營方針，培育一個全世界頂尖的品牌。二〇〇一年，三星電子的行動電話銷售量爲世界第四位，金額則在諾基亞、摩托羅拉之後，世界第三的水準。這種成果是因爲鎖定中高層市場爲目標，就像過去新力的隨身聽一樣，今天的三星行動電話也以高級行動電話的品牌，加深全球消費者的印象。三星的行動電話策略中，有一個是「領先世界」（World first）。搶先推出反應技術發展與顧客需求的產品，佔領市場。就像 CDMA 1X、1X DO 終端機與歐洲型 GPRS 終端機領先全球推出，我們計劃往後也將率先推出第四代行動電話。我們還有一個策略是，以完美的品質爲基礎，在機能與設計上開發與競爭對手截然不同的全世界最高級產品。和競爭者不同的產品，三星已推出 TV Phone、Camera Phone、Watch Phone、TFT Color Phone、40 Poly Phone 等，美國《消費者報導》等世界知名雜誌均數度選擇三星產品爲行動電話領域的最佳產品，可見我們的技術力早已獲得肯定。另外，諸如 Dual Folder 機型，以及在美國賣出六〇〇萬台的 Free Up 機型，都以差異化的設計獲得十次以上的國際設計大獎，還有全世界消費者的青睞。三星的行動電話，能最先反應顧客需求，比其他業者更快提供產品，是我們進軍世界第一最有力的後盾。

情報通訊事業部的未來展望是什麼呢？

如果我們展望五年後的情報通訊事業，行動電話事業將繼續適時地推出新產品並加強產品競爭力，確保世界第一的寶座。另外在CDMA手機系統方面，由於我們是宗主國，將以中國、美國、澳洲等環太平洋國家爲中心，把CDMA系統推廣爲全世界使用者最多的系統。爲了達成這個目標，我們將繼續維持CDMA技術的領導地位。隨著二〇〇〇年十月我們領先世界推出商用化的CDMA 2000 1X，接著二〇〇二年二月能夠傳送二MB的1X DO也率先商用化，我們的技術力在全世界都獲得肯定。在有線網路事業方面，我們打算擴大以IP爲基礎的新一代交換機（next generation network: NGN）以及企業用網路事業。透過生物科技（BT）、奈米科技（NT）等新技術與原有IT技術的相結合，我們也期望能持續增加新型事業的比重。爲了達成這些目標，我們將擴大對未來技術的投資規模、鞏固世界水準的產品等等，集中力量來培植下一代事業部。光通訊領域方面，受到二〇〇一年全球IT產業不景氣影響，市場大幅減縮，但是最近普遍預期IT景氣將在二〇〇三年以後回復。因網際網路使用量擴增，也能與家庭連結，光通訊預計將是未來高成長事業。在市場景氣回復以前，我們將先努力改善核心技術與產品信賴度來提高競爭力，這樣等景氣復甦的時候，我們將積極地進取市場。此外，爲了因應數位聚合，我們選擇行動網路、辦公網路與家庭網路領域爲推動重心。行動網路將提供無線終端機、系統、解決方案與內容融合的整體對策。同時，我們也將準備因應未來有線、無線的統合。辦公網路將提供最適合企業環境的網路解決方案，使業務效率最大化，並節省IT費用。家庭網路將以娛樂、便利性、安全等訴求，提高顧客的生活品質，運用有線、無線的通訊技術以及多元化的產品，推動居家完全對策（Total Living Solution）。

據說我們已經正式進入了數位時代，您的看法？

隨著數位時代的到來，事業領域之間也漸漸沒有界限了。顧客希望一部機器就能具備多項機能，無論在何時何地都能使用。廿一世紀不是擁有的時代，而是連接的時代。誰能將自己保有的競爭力和別人銜接好，是一大關鍵。我們有一些只有各部門自己擁有的競爭力。三星電子就像在一個籬笆內，擁有一個比任何企業都更容易完成相互銜接的環境。我們很希望各個部門能加強自己獨特的競爭力，學習其他部門的競爭力，互補相助。

儘管說三星電子很強，說全都是優點還是不太可能的。身爲CEO，您認爲三星的

弱點有哪些呢？

三星電子是由製造業起家的公司，因此製造競爭力可以說已經達到世界最高水準。但是，消費者的要求越來越多樣化，製造業者主導市場的時代，已經變成使用者主導市場的時代，從這個角度來看，製造萬能主義的思考方式可說是一個弱點。現在，怎樣對消費者多變的要求保持高度敏感，立即反應在產品開發上的市場取向競爭力，反而更形重要。三星電子透過不斷努力，以市場取向（market driven）的體質雖然有變化，但爲了確保世界最高水準的企業競爭力，應該更徹底地追求成爲市場取向企業（market driven company）。韓國經濟和企業可以創造號稱「漢江奇蹟」的原因，其中之一是在韓國人的勤勉基礎上，所擁有的製造競爭力。我們「硬體的」競爭力可以說已具世界水準；但以軟體爲基礎，銷售一個產品或服務，競爭力則略顯不足。我們就算有優秀的頭腦，但在累積知識或資訊，反應於產品或服務方面比較弱。沒有軟體技術基礎，只知生產硬體產品的公司，今後將淪落爲具備軟體競爭力企業的單純轉包業者。這就是今後的現實。現在是個Volume（外形）沒有太大意義的時代。在數位時代，就算是小企業，只要有技術能力，就有機會壓得過大企業。將來，三星電子將會推出一些可以主導國際市場的產品，成爲和英特爾一樣在PC領域中創造市場的企業。

三星大事記

一九六九年

十一月八日　與日本三洋電機簽定資本與技術合作協定書（草約）。

十二月三十日　召開三星電子創立發起人會議。

發起人：第一製糖金再明、三星物產董事長李秉喆、三星物產副總經理李孟熙、三星物產總經理鄭壽昌、東邦生命總經理趙又同等。

一九六九年

一月十三日　設立三星電子工業株式會社。資本額三億三，〇〇〇萬韓圜。

六月十五日　水原電子園區破土典禮。

九月十三日　簽訂三星電子、日本NEC、住友商社合作投資基本契約。投資比率五〇：四〇：一〇，總投資規模三五〇萬美元。

十二月二十三日　黑白電視（品牌「PRINCE」，Orion電子產品）開始國內銷售。

一九七〇年

一月二十日　設立三星NEC。資本額二億韓圜。

一九七一年

九月十五日　設立子公司三星Electronics。

十二月五日　Quonset 1工廠竣工。生產電扇、石油爐。

一九七二年

七月十九日　二〇吋黑白電視機開始投入量產。

七月二十五日　Quonset 2, 3工廠竣工。

十一月　開始生產電子計算機。

十一月二日　開始生產國內販售用黑白電視機。

一九七三年

三月二日　三星 Electronics 接收、合併。

三月十五日　三星電子、三星三洋電機、日本三洋電機、日本三洋電機貿易零件公司（三星三洋零件）創立，合作投資合約簽訂。

四月一日　黑白電視機研發。

六月八日　與美國 Corning Glass Works 簽訂三星 Corning 設立合作投資契約。

八月三十一日　總公司遷移至水原。

十二月二十三日　家電工廠竣工。

一九七四年

一月十六日　開始生產錄放音機。

三月二日　開始生產電冰箱。

五月二十二日　開始生產冷氣。

十二月六日　接收韓國半導體國內持股。

十二月十六日　開始生產洗衣機。

一九七五年

六月三十日　企業上市。

一九七六年

七月四日　空氣壓縮機量產。

十月二十日　黑白電視機生產量突破一〇〇萬台。

一九七七年

四月九日　彩色電視機開始量產。

四月三十日　彩色電視機首次銷往巴拿馬，三星電機（舊三星三洋電機）接收・合併。

十二月三十日　併購韓國半導體。

一九七八年

六月十日　黑白電視機生產突破四〇〇萬台，創世界第一紀錄。
七月十八日　在美國成立海外銷售分公司（SEA）。
十一月五日　五吋Combo電視首次銷往美國。
十二月二十日　輸出額突破一億美元。

一九七九年

六月二十日　開始生產VCR。
八月五日　全自動彩色電視機工廠運作。
十二月三十一日　水原事業區綜合研究所竣工。

一九八〇年

九月十日　國內首次推出八吋彩色電視機。

一九八一年

二月十二日　彩色電視機生產突破一〇〇萬台。

二月十六日　開發類比鐘錶用直接迴路。
三月二十八日　空氣壓縮機輸出美國。
五月三十日　黑白電視機生產突破一，〇〇〇萬台。
十二月二十二日　出口達三億美元。

一九八二年

一月五日　設立半導體研究所。
一月十三日　彩色電視機反銷日本。
二月二十二日　與美國ＨＰ簽訂技術合作合約。
六月二十三日　在德國成立海外銷售分公司（ＳＥＧ）。
九月二十三日　在葡萄牙設置海外第一個生產廠房（ＳＥＰ）。

一九八三年

三月二十一日　開始生產個人電腦。
九月十七日　個人電腦首次銷往加拿大。

十一月三十日　出口達五億美元。

一九八四年

九月三十日　三星半導體通訊企業上市。

十月八日　三星半導體通訊國內首度開發256KB DRAM。

十月三十日　開始生產十六位元業務用PC。

十二月三十一日　銷售達一兆韓圜。

一九八五年

四月十八日　三星半導體通訊開發64KB SRAM。

五月二十一日　三星半導體器與第二廠房竣工（專門生產256KB DRAM）。

十二月十九日　海外債券（CB）國內首次發行。

一九八六年

一月九日　十六位元電腦開始輸出美國。

三月二十日 開發數位電視。

七月十三日 三星半導體通訊全球第三名開發1MB DRAM。

八月二十二日 彩色電視機生產突破一，〇〇〇萬台。

一九八七年

三月二十三日 開始生產三十二位元電腦。

六月十一日 三星半導體通訊美國半導體工廠（SII）竣工。

九月一日 在澳洲成立海外銷售分公司（SEAU）。

九月二十三日 在加拿大成立海外銷售分公司（SECA）。

十月一日 英國當地工廠竣工，開始生產。

一九八八年

一月十九日 三星半導體通訊256KB SRAM上市。

一月二十三日 電磁爐生產突破一，〇〇〇萬台。

十月十日 三星半導體通訊4MB DRAM量產工廠開工。

十月十七日　設立泰國三星。

十月二十一日　莫斯科當地工廠（SAMIX）開始生產。

十一月一日　三星半導體通訊合併，採取家電・情報通訊・半導體事業部門制。

十一月十六日　開發 1MB SRAM。

十二月一日　開始推出 1MB DRAM。

一九八九年

十一月二十日　克服危機，進入非常經營體制。

十二月十二日　建立中央研究所。

十二月十八日　國內首度合作投資中國彩色電視機工廠。

一九九〇年

三月二十六日　第四生產線竣工（生產 4MB DRAM）。

五月十一日　1MB Video RAM 開發量產。

八月　全球第三名開發 16MB DRAM 新產品。

一九九一年

一月二十六日 筆記型電腦首度銷往歐美。
四月二十一日 開發世界最高解析度彩色顯示器。
九月十九日 馬來西亞電磁爐工廠竣工。
十一月 引進地域專家制度。

一九九二年

一月 開發國內最輕型行動電話。
三月二日 開發一〇・四吋 TFT-LCD。
七月十八日 在中國設立大規模VCR合作分公司。
八月 國內首度開發擬SRAM。
八月一日 國內首度開發 64MB DRAM。
八月一日 民間企業首次榮獲國際信用評鑑A等。

一九九三年

二月 國內首次開發超小型攝錄影機。

六月三日 半導體第五生產線竣工儀式（世界最先八吋量產 16MB DRAM 生產線）。

七月十七日 集團引進七－四上班制。

七月二十六日 設立中國ＴＤＸ合作工廠（山東三星通訊設備有限公社）。

九月九日 九・四吋 TFT-LCD 海外首次推出。

一九九四年

二月十六日 世界首次開發無線電話用晶片。

五月二十日 接收日本冷氣製造業者ＬＵＸ。

八月二十九日 256MB DRAM 開發成功，世界首次發表。

九月十三日 中國天津彩色電視工廠竣工儀式。

十二月十三 256MB DRAM 樣本首次問世。

一九九五年

一月五日 接收美國ＩＧＴ，確保ＡＴＭ（非同步傳送方式）相關核心晶片技術。

三月二十九日 與富士通簽訂ＬＣＤ技術合作。

七月七日 中國蘇州工廠開工（半導體組裝及測試生產線）。

七月三十一日 美國ＡＳＴ持股接收完成（四〇・二五%）。

十月五日 半導體第六、七生產線竣工儀式。

十月十日 首次開發二十二吋 TFT-LCD。

一九九六年

一月六日 大型顯示器年出口量一一〇萬台，大型部分爲全球最大供應業者。

一月七日 TFT-LCD 第三生產線開工。

二月五日 半導體 16MB RAM 正式量產。

二月七日 創國內單一企業最大淨利（二兆五，〇〇〇億韓圜）。

四月二十八日 Ｒ＆Ｄ費用突破一兆韓圜，研究人員一萬名。

十一月五日 世界率先發表開發記憶體半導體 1GB DRAM 成功。

一九九七年

四月二十一日　世界首度以ＣＤＭＡ方式達成行動電話銷售一〇〇萬台。

五月九日　國內首先入選爲日本長野冬季奧運及澳洲雪梨奧運合作廠商。

八月十八日　《財星》雜誌評選爲世界電子業第十三名。

十月十五　全球率先開發超大型三〇吋 TFT-LCD。

十一月三日　ＳＲＡＭ世界市場占有率第一（十三・六％）。

一九九八年

三月三日　開發世界最輕型ＰＣＳ行動電話。

四月三十日　256MB SDRAM 全球率先生產。

五月二十七日　全數賣出韓國ＨＰ持股四十五％。

七月十日　TFT-LCD 國際市場占有率第一。

九月二十四日　1GB SDRAM 樣品首度問世。

九月二十八日　開發第三代數位型行動電話。

十月二十日　數位電視全球率先投入量產。
十一月四日　首次開發 144MB Rambus DRAM。

一九九九年

一月十二日　美國分公司ＡＳＴ整頓。
三月十六日　ＧＥ醫療機器持股賣出（二，〇〇〇萬美元）。
三月十八日　開始行動電話海外生產。
六月二十一日　ＣＤＭＡ商用系統首次進軍美國 Air Touch 公司。
六月二十四日　開發世界最高速１Ｇ α晶片。

二〇〇〇年

五月十六日　TFT-LCD 生產突破一，〇〇〇萬個。
六月二十二日　ＧＳＭ行動電話西班牙工廠竣工。
七月十九日　發表突破〇・一奈米極限技術。
七月二十六日　澳洲ＣＤＭＡ行動通訊網通線。

十一月七日　彩色電視機生產銷售突破一億台。

二〇〇一年

三月二十二日　美國戴爾公司發表一六〇億美元策略合作投資。
五月十五日　領先業界推出第三代同影像行動電話。
五月二十二日　中國聯通（China Unicom）下一代通訊合作。
七月十八日　美國線上時代華納策略性合作協定。
八月二日　新力記憶體卡策略性合作協定。
八月十四日　完成設立全球分公司ＲＥＰ系統。
八月二十二日　開發全球最大四〇吋 TFT-LCD。
八月三十日　１Ｇ快閃記憶體商用化。
十一月十二日　獲選為中國ＣＤＭＡ示範網供應商。

國家圖書館出版品預行編目資料

三星秘笈／李奉煦 著；楊純惠，黃蘭琇譯.
— 初版.— 臺北市：大塊文化，2003［民 92］
面；　公分.（Touch；33)
譯自：Samsung Rising

ISBN 986-7975-79-0 (平裝)

1. 三星電子公司 – 管理　2. 電子業 – 韓國
3. 半導體 – 工業 – 韓國

484.6　　92002417

105 台北市南京東路四段25號11樓

廣 告 回 信
台灣北區郵政管理局登記證
北台字第10227號

大塊文化出版股份有限公司　收

地址：□□□ ＿＿＿＿＿市／縣＿＿＿＿＿鄉／鎮／市／區

＿＿＿＿＿路／街＿＿＿段＿＿＿巷＿＿＿弄＿＿＿號＿＿＿樓

姓名：

請沿虛線撕下後對折裝訂寄回，謝謝！

大塊 LOCUS 文化

編號：TO 033　書名：三星秘笈

讀者回函卡

謝謝您購買這本書，爲了加強對您的服務，請您詳細填寫本卡各欄，寄回大塊出版 (免附回郵) 即可不定期收到本公司最新的出版資訊。

姓名：________________ **身分證字號**：________________

住址：________________________________

聯絡電話：(O)________________ (H)________________

出生日期：______年______月______日　E-mail: ________________

學歷：1.□高中及高中以下　2.□專科與大學　3.□研究所以上

職業：1.□學生　2.□資訊業　3.□工　4.□商　5.□服務業　6.□軍警公教　7.□自由業及專業　8.□其他________

從何處得知本書：1.□逛書店　2.□報紙廣告　3.□雜誌廣告　4.□新聞報導　5.□親友介紹　6.□公車廣告　7.□廣播節目8.□書訊　9.□廣告信函　10.□其他____________

您購買過我們那些系列的書：
1.□Touch系列　2.□Mark系列　3.□Smile系列　4.□Catch系列
5.□tomorrow系列　6.□幾米系列　7.□from系列　8.□to系列

閱讀嗜好：
1.□財經　2.□企管　3.□心理　4.□勵志　5.□社會人文　6.□自然科學
7.□傳記　8.□音樂藝術　9.□文學　10.□保健　11.□漫畫　12.□其他_____

對我們的建議：________________________________

____

____

LOCUS

LOCUS

LOCUS

LOCUS